KB103117

세계일주 퍼즐 200

Around the World in 200 Puzzles By Dan Moore
Copyright © 2019 Quarto Publishing plc, an imprint of The Quarto Group.
All rights reserved.
Korean translation copyright © 2020 by OrangePencilBook.
This Korean edition published by arrangement with The Quarto Group through Yu Ri Jang Literary Agency.

이 책의 한국어판 저작권은 유리장 에이전시를 통해 저작권자와 독점 계약한 오렌지연필에 있습니다. 저작권법에 의하여 한국 내에서 보호를 받는 저작물이므로 무단전재 및 복제를 금합니다.

세계일주 퍼즐 200

댄 무어 지음
최경은 옮김

PUZZLE

오렌지연필

들어가는 말

'쾌락의 쳇바퀴'라는 말이 있다. 좀 더 나아지려고 계속 노력하지만 결국 제자리에 머물고 마는 것을 뜻한다. 원하는 성공을 거둘수록 미래에 대한 기대치가 자꾸 높아져서 행복감이 오히려 짧게 끝나고 마는 것이다. 예컨대 새 차를 사고 행복감을 느끼는데, 더 좋은 차를 산 이웃을 보고는 어느새 불행감을 느낀다. 나름대로 발전하고 있는데도 유독 나만 멈춰 있는 것처럼 느껴지는 건 자기와 남을 끊임없이 비교하는 이런 식의 나쁜 습성 때문이다.

사회적 동물인 인간의 행태와는 대조적으로, 과학 기술 분야에 발생하는 진보는 우리가 확실하게 인지할 수 있다는 점에서 오히려 신선하다. 특히 이 책의 테마인 쥘 베른의 소설 《80일간의 세계 일주》에서 이러한 현상이 극명히 드러난다. 그 당시 80일 만에 지구를 한 바퀴 돈다는 것은 대단히 참신하고 도전적인 일로 여겨졌다. 주인공 필리어스 포그는 80일 만에 세계 일주를 완수할 수 있을지를 놓고 '개혁 클럽' 회원들과 2만 파운드 내기를 한다. 초고속의 탈것들에 익숙한 오늘날, 지구 한 바퀴 도는 데 그토록 오래 걸렸다는 것 자체가 흥미롭기만 하다. 그때의 토끼가 지금에 이르러서는 거북 수준이 된 것이다. 명백한 발전 아닌가.

이 책에 나오는 모든 퍼즐은 빅토리아 시대의 소설 《80일간의 세계 일주》를 바탕으로 하고 있기에 당연히 비행기나 휴대전화 같은 것이 없다. 그래서 자연스레 디지털 디톡스를 하게 된다. 퍼즐은 기억력, 수학, 창의력, 문제 해결, 수평적 사고, 인지의 범주로 나뉜다. 선호하는 유형이 있다면 표기된 유형을 골라서 풀면 된다. 정해진 답이 없는 창의력 유형을 제외하고 모든 유형의 해답이 책 뒤에 실려 있다. 수평적 사고 유형의 답도 있지만, 당신이 스스로 생각해낸 답도 훌륭한 정답일 수 있다.

난이도는 퍼즐별로 다양하다. 단 몇 분 만에 풀리는 것이 있는가 하면, 상당히 오래 걸리는 것도 있다. 퍼즐 옆에 난이도 등급을 표시하지 않았으므로 실제로 얼마나 쉽고 어려

운지는 오직 당신의 손에 달렸다. 다만 예외로, 고난도의 문제 두 개는 따로 표시해두었다. 이를 풀려면 조금 다른 요령이 필요하다. 첫 번째 문제는 논리적 사고력, 세부 사항에 대한 집중력, 그리고 풀이 과정의 체계성이 필요하다. 두 번째 문제는 풀이 과정에서 수평적 사고의 요소가 필요하다. 두 문제 모두 어렵긴 하지만 분명 풀리는 문제이므로 마음을 가다듬고 시도해보자.

이 책에 나오는 퍼즐은 하나하나가 독립적이기 때문에 순서에 상관없이 내키는 대로 풀면 된다. 처음부터 끝까지 차례차례 풀어도 되고, 같은 유형끼리 묶어 풀어도 되고, 아무데나 펼쳐서 풀어도 된다.

필리어스 포그는 80일간 많은 시련과 고난을 겪으면서도, 새로 고용한 하인 장 파스파르투와 자신을 체포하려고 호시탐탐 기회를 엿보는 픽스 형사 그리고 미래의 아내 아우다와 여정의 일부 또는 전부를 함께하며 결국 도전에 성공했다. 당신도 이 책의 모든 문제 풀이에 성공하길 바란다. 한바탕 씨름해야 할 때도 있겠지만, 풀어가는 과정 자체가 즐거움이 될 것이다. 혹시 아는가? 포그가 다녀간 가상의 발자취를 따라가다 보면, 당신도 현실 속에서 실제 모험을 계획하게 될지!

CONTENTS

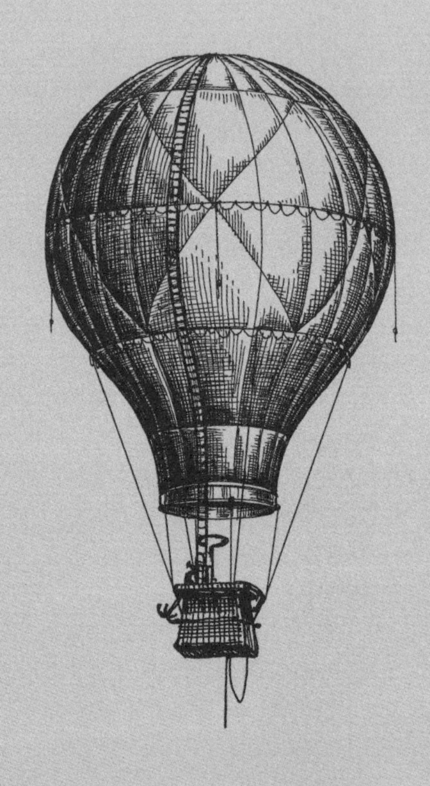

세계일주
퍼즐 200

PUZZLE

방 안의 코끼리

논리

서커스단의 동물 조련사 모데카이는 도저히 이해할 수 없는 일을 저지르고 말았다. 코끼리를 잃어버린 것이다! 미로를 통해 코끼리가 숨어 있는 방을 찾아가보자.

쇼핑 목록

수학

파스파르투는 주인어른과 세계 여행을 떠나기 전, 여행에 필요한 물건을 사러 갔다. 쇼핑 목록에는 면도 도구와 작은 여행 가방이 있고 주인어른에게서 물건 값과 운임으로 쓸 1파운드짜리 지폐를 받았다. 파스파르투가 쓴 돈은 얼마인가? 또 1파운드 지폐에서 남은 거스름돈은 얼마인가?

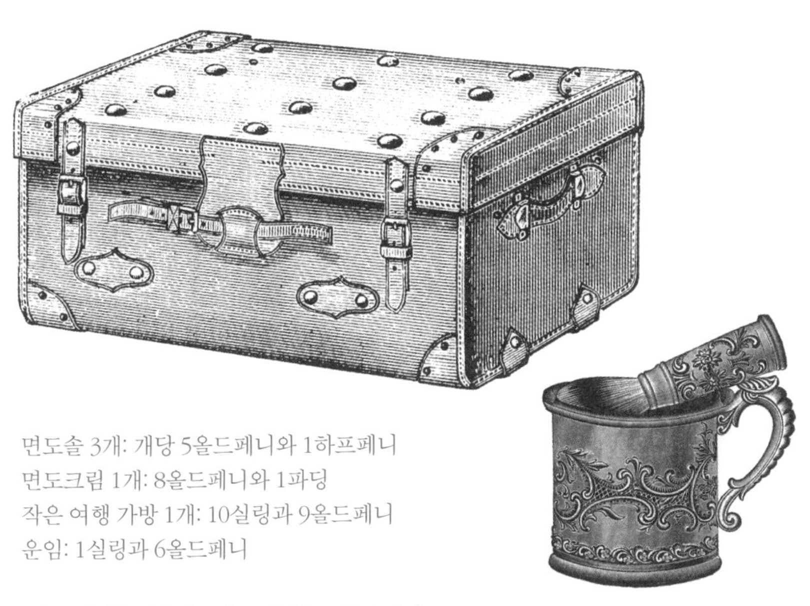

면도솔 3개: 개당 5올드페니와 1하프페니
면도크림 1개: 8올드페니와 1파딩
작은 여행 가방 1개: 10실링과 9올드페니
운임: 1실링과 6올드페니

1올드페니는 4파딩, 1올드페니는 2하프페니,
1실링은 12올드페니, 1파운드는 20실링이다.

네 바퀴의 번성, 두 바퀴의 쇠락

논리

버트람은 사륜 자전거가 미래의 대세가 될 것이라고 확신했지만, 친구들은 쉽게 동의해주지 않았다. 결국 사륜 자전거의 우월성을 증명하기 위하여 세실과 에드먼드라는 두 친구와 경주를 벌였다. 이들 중 한 명은 이륜 자전거, 다른 한 명은 삼륜 자전거를 타고 있었다. 표 안의 정보를 이용하여, 누가 어떤 자전거를 탔고 경주에서 몇 등을 했는지 파악할 수 있겠는가? 머릿속으로 풀고 바로 답을 적어보자.

이름	바퀴 수	등수
버트람	4	
세실		
에드먼드		

아쉽게도 버트람은 경주에서 승리하지 못했다. 이륜 자전거를 탄 사람이 이겼다. 에드먼드는 세실보다 앞서 들어왔다. 세실은 자전거 바퀴 수가 가장 적은 사람이 아니고 결승선을 2등으로 들어오지도 않았다.

자전거 위에서

수학

자전거 묘기 대회에서 펼쳐지는 각각의 기술에는 난이도에 따라 1점부터 10점 사이의 점수가 부여된다. 아래 표를 참고하여 네 가지 기술의 점수를 매겨보자.

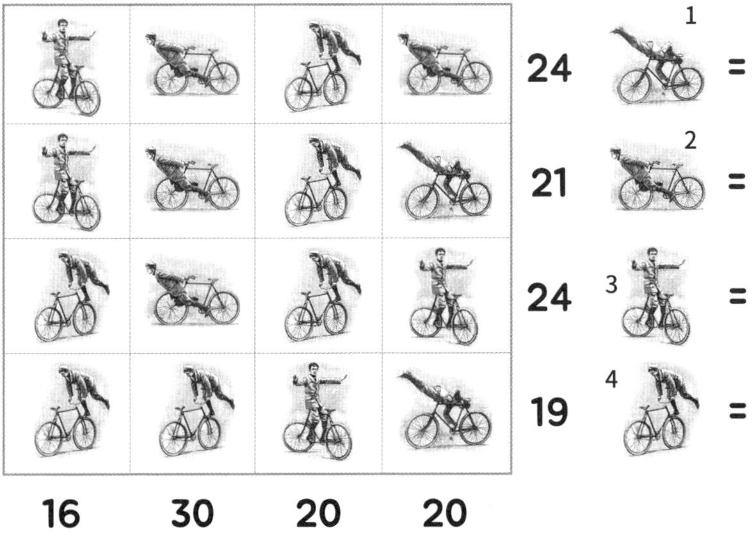

				24
				21
				24
				19
16	30	20	20	

1 =

2 =

3 =

4 =

얼룩말 횡단

인지

아키는 자신의 운수업에 변화를 주어야겠다고 결심하고, 말 대신 얼룩말을 들였다. 그러자 기존에 말과 일할 때는 없었던 얼룩말끼리 구별하는 문제가 생겨났다. 나머지와 다른 한 마리를 골라내보자.

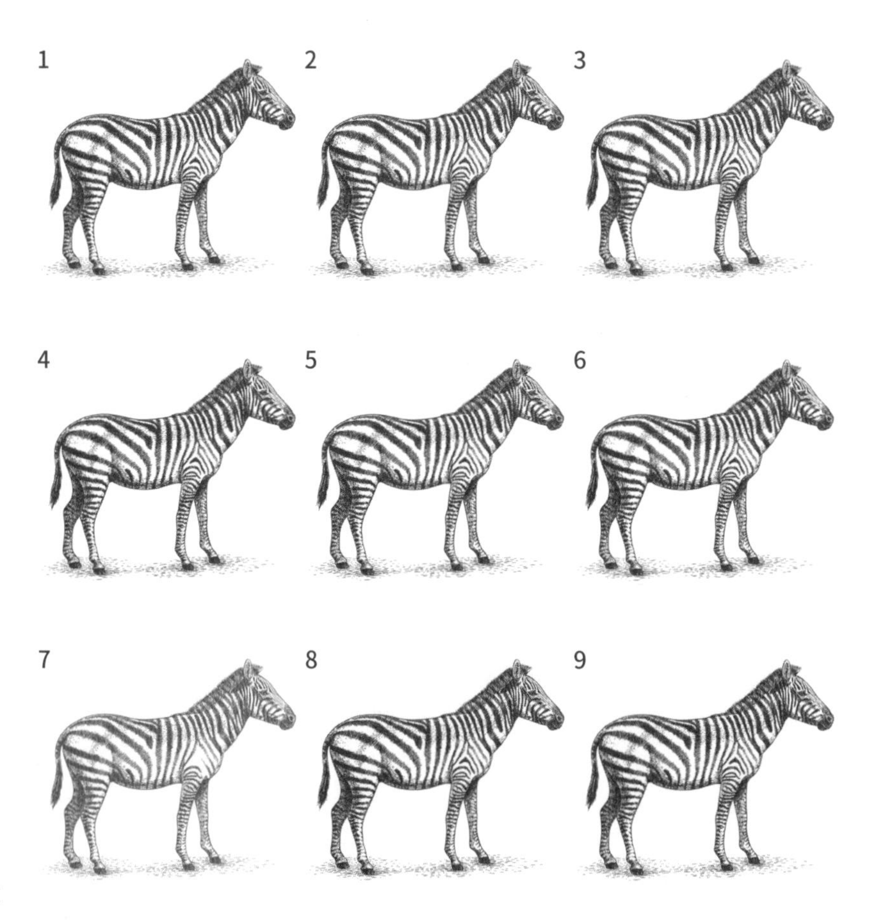

하늘을 나는 사람

수학

유진은 하늘을 나는 사람 같다는 말을 늘 들어왔다. 높이 날기 대회에서 신기록으로 우승한 날에는 말 그대로 하늘을 나는 것처럼 보였다. 3등 선수는 지상에서 8미터 높이까지 날아올랐다. 2등 선수는 그보다 20퍼센트 더 높이 날았고, 유진은 2등 선수보다 25퍼센트 더 높이 날았다. 유진은 몇 미터까지 날았을까?

전력 질주

논리

월터는 자신이 만든 미니어처 증기기관차에 마음이 벅차, 얼른 시운전을 해보고 싶어 기찻길도 만들었다. 아래 퍼즐을 풀어 기찻길을 놓아보자.

기차의 출발지는 A지점이고 도착지는 B지점이다. 철도는 정사각형을 직선으로 통과하거나 90도로 회전해야 하고, 서로 교차할 수 없다. 그리드 가장자리의 숫자들은 각 행과 열에 몇 개의 철도 조각이 배치되는지를 나타낸다.

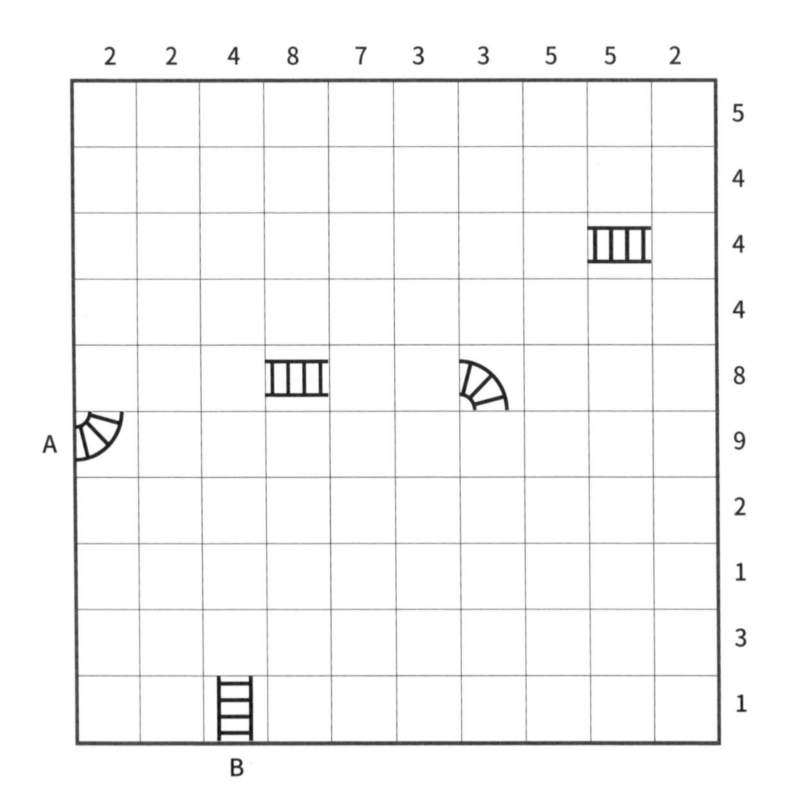

지도에서

수평적 사고

베르타는 그녀의 유복한 자매들, 이다와 클라라랑 함께 세계 여행을 하고 있었다. 하지만 이 도시에서 저 도시로 끊임없이 이동하며 전 세계를 돌아다니느라 시간 개념이 엉망이 되었고 요일조차 기억나지 않았다. 베르타가 클라라에게 오늘이 무슨 요일이냐고 묻자 말괄량이 여동생은 다음과 같이 대답했다.

"어제 전날의 다음 날은 목요일이었고, 내일 다음 날의 전날은 토요일이야. 그러면 오늘이 무슨 요일인지 알겠지?"

베르타는 오히려 더 혼란스러워졌다. 오늘은 무슨 요일일까?

침묵의 마부

수평적 사고

포그는 세계 일주를 떠나기 전에 친구를 만나러 짧은 여행을 떠났다. 그는 평소 하던 식으로 마차를 불렀는데, 마부는 도착하자마자 자신이 청각장애인임을 알리는 카드 한 장을 포그에게 보여주었다. 포그는 고개를 끄덕이고는 묵묵히 마차에 올라탔다. 마부 자리에서는 포그가 보이지 않았기 때문에 마부는 포그의 입술 모양을 읽거나 다른 시각적 신호를 볼 수 없었다. 포그 역시 손을 뻗어도 마부의 어깨를 두드릴 수 없었다. 그런데도 포그는 자신이 원하는 장소에 정확히 내릴 수 있었다. 어떻게 이런 일이 가능했을까?

색다른 구슬 게임

문제 해결

포그는 여행 도중 흥미로운 사람을 많이 만났다. 그중 수정구슬 속을 깊이 응시하며 미래를 예언하는 심령술사가 있었다.
“당신이 확실히 실패했다는 것을 깨닫는 순간, 당신이 가진 의문이 풀릴 것입니다.”
심령술사는 자신이 강력한 심령의 힘으로 미래를 예언할 뿐 아니라 작은 물체를 움직이는 것도 가능하다고 말했다.
포그는 심령술사의 수정구슬 이야기를 듣고 자신의 재킷 주머니에서 구슬 하나와 여러 칸막이가 세워져 있는 작은 나무판을 꺼냈다. 포그는 심령술사에게 심령의 힘으로만 공을 출구까지 옮겨보라고 했다. 당신이 심령술사라면 나무판을 어떻게 기울여(상하좌우) 공을 빨간 정사각형까지 옮기겠는가? 열네 번 움직여 풀어보자.

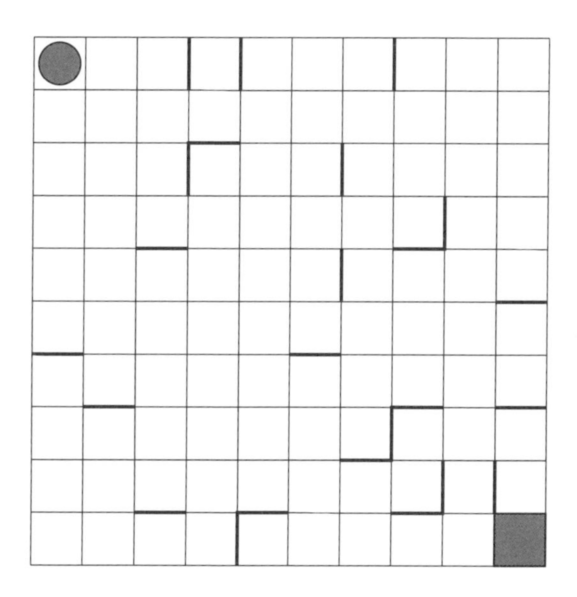

주사위 굴리기

문제 해결

픽스와 파스파르투는 방금 배에서 점심을 거하게 먹었다. 그때 파도가 약간 일렁여서 둘 다 커피 가지러 가기를 망설였다. 픽스는 주사위 두 개를 굴려 누가 커피를 가져올지 정하자고 제안했다.

"만약 주사위 한 개라도 5나 6이 나오면 파스파르투 씨가 가서 커피를 가져오세요. 그게 아니면 제가 가서 가져오지요. 어때요, 공평하죠?"

파스파르투는 기세등등하게 고개를 끄덕였다. 주사위 하나에는 여섯 개의 숫자가 있으니 숫자 5나 6이 나온다는 것은 3분의 1 확률밖에 안 될 것이므로 자신에게 승산이 있다고 생각했다. 두 개의 주사위 중 적어도 하나가 5나 6이 나와서 파스파르투가 걸릴 확률은 얼마일까?

암호명

문제 해결

픽스 형사는 필리어스 포그가 여행 중에 무슨 일을 했는지 간략하게 메모했다. 특히 누구를 만났는지 꼼꼼히 기록했는데, 언젠가 포그를 런던으로 데려와 법정에 세울 때 형사재판의 증인이 될 경우를 대비해서였다. 그는 메모를 암호로 작성하여 누군가가 우연히 발견하더라도 무슨 상황인지 알아채지 못하도록 했다.

PASSEPARTOUT(파스파르투)=QCVWJVHZCYFF이고 AOUDA=BQXHF, 이렇게 암호화했다면 FOGG(포그)는 메모에 어떻게 적혀 있을까?

미행

수학

픽스는 복잡한 길을 따라 포그와 파스파르투를 미행하고 있었다. 미행 중 예기치 않게 한 카페 밖에서 웬 낯선 사람과 몇 분 동안 대화를 나누게 되었고, 그 바람에 두 사람을 시야에서 놓쳐버렸다. 픽스는 그 둘을 뒤쫓으려고 시속 6마일의 속도로 달렸다. 하지만 1마일이나 달리고도 흔적조차 볼 수 없었다. 갈증을 느낀 픽스는 목을 축이기 위해 시속 2.5마일의 속도로 카페까지 터덜터덜 걸어왔다. 그가 달린 시간과 걸은 시간은 총 얼마일까?

개와 뼈다귀

인지

코크니 라이밍 슬랭Cockney Rhyming Slang은 빅토리아 시대에 처음 사용되었으며, 1840년대 런던의 이스트엔드 지역에서 발생한 것으로 추정된다. 라이밍 슬랭이란 어떤 단어를 끝 글자 라임이 성립되는 어구로 단순히 대체하는 것이다. 예를 들면 계단stairs 대신에 '사과와 배apples and pears'로 쓰는 것이다.

당시 기술 혁신에 발맞추어 새로운 어구가 주기적으로 만들어졌다. 예를 들면 전화기telephone의 라이밍 슬랭은 '개와 뼈다귀dog and bone'이었다. 아래 전화기 그림을 보자. 오른쪽 아래의 진한 전화기와 똑같은 것은 A~E 중 어느 것인가?

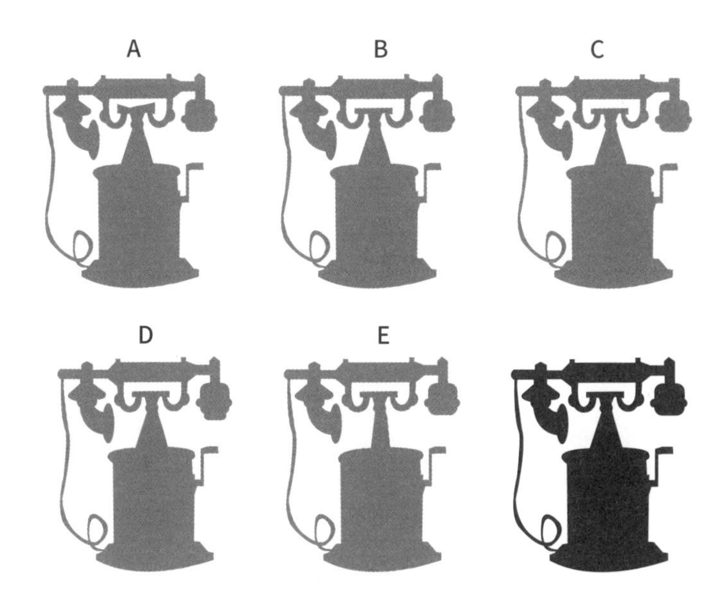

바다 위 미로

문제 해결

포그와 파스파르투는 갖가지 크고 작은 배를 타고 여행했다. 그중 가장 큰 배는 미로처럼 복잡했고, 구불구불한 통로와 계단이 어찌나 많은지 길을 잃기 딱 좋았다. 꼼꼼한 포그는 배의 지도를 머릿속에 확실히 입력했지만, 파스파르투는 어디가 어디인지 도저히 감을 못 잡았다.

포그는 파스파르투에게 오후 1시 30분 정각에 점심식사를 하러 일등석이 있는 위층에서 만나자고 했다. 파스파르투는 오후 1시 25분까지도 아래층을 못 벗어나자 식은땀이 나기 시작했다. 1분이라도 늦을 경우 주인어른의 심사가 뒤틀릴 테니까.

자, 파스파르투가 목적지에 도착할 수 있도록 같이 길을 찾아보자. 현재 그의 위치는 왼쪽 그리드 첫 번째 열에 X 표시된 곳이고, 오찬 장소 입구는 오른쪽 그리드에 화살표 표시된 곳이다. 계단 기호 〉에서는 위층(오른쪽 그리드)의 동일한 위치로 올라갈 수 있고 또는 기호를 통과하여 직진할 수도 있다. 마찬가지로 〈 기호에서는 아래층(왼쪽 그리드)의 동일한 위치로 내려갈 수 있고 또는 계단을 이용하지 않고 기호를 통과해 직진할 수도 있다.

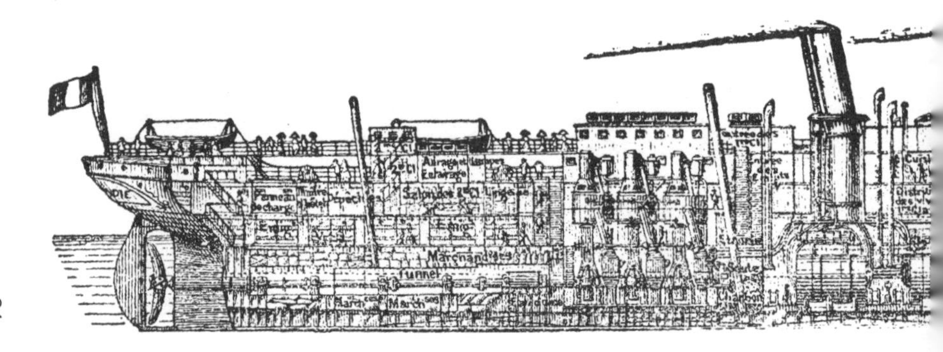

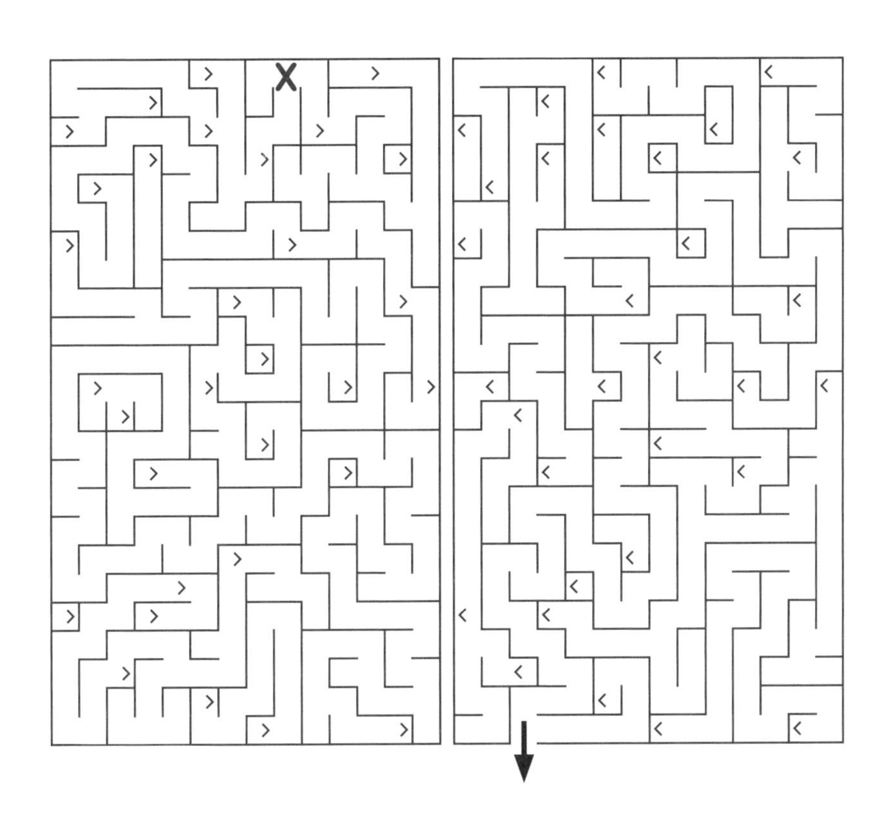

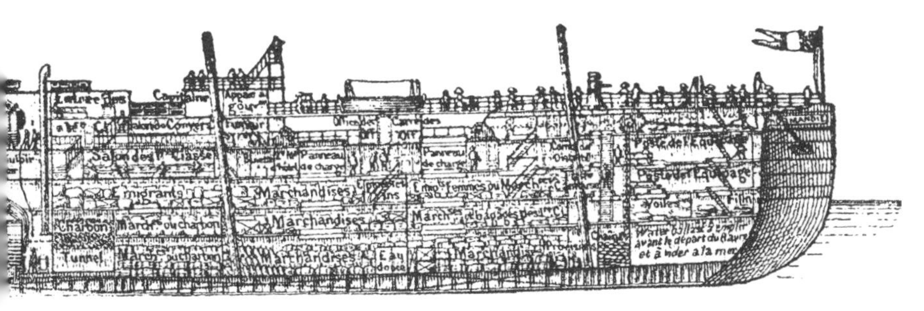
Emigrants
Marchandises
Charbon
Tunnel
Marchandises

양 세기

수학

정해진 여행 기한과 여행 도중 예기치 않게 발생하는 사건들 때문에 포그는 심리적 압박을 받았다. 잠자리도 자주 바뀌는 데다가 여러 생각이 머릿속을 뒤덮어 불면에 시달리는 날이 많아졌다. 어느 날 밤 그는 불면증 치유법으로 효과가 있다는 양 세기를 시도했다. 다음의 연속된 수는 포그가 잠들기 전까지 세었던 양의 수다. 5, 11, 23, 47, 95. 그다음에 올 숫자는 무엇일까?

홍콩에서 상하이로

인지

숙련된 선장 존 번즈비는 포그, 아우다 및 픽스를 홍콩에서 상하이로 데려온 후 샌프란시스코행 배에 포그를 무사히 탑승시키는 임무를 맡았다. 아래 그리드에서 '번즈비BUNSBY'라는 단어를 최대한 빨리 찾아보자. 오른쪽에 보이는 것과 같이 3 × 2 직사각형 상자 안에 들어간 번즈비를 한 번 찾으면 된다.

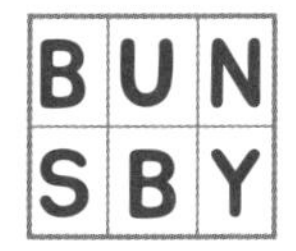

B	U	B	B	Y	S	B	Y	S	Y	B	S	S	U	B
S	S	B	Y	N	Y	U	N	U	U	Y	B	B	Y	B
B	N	B	S	Y	U	S	N	U	U	B	B	U	B	Y
B	N	N	B	N	U	S	B	B	S	S	N	Y	N	N
B	B	S	B	S	Y	U	Y	B	B	U	B	B	B	B
S	N	N	B	Y	U	B	B	B	B	N	B	Y	B	Y
B	B	U	B	B	Y	B	B	U	B	B	Y	S	B	N
S	B	B	B	B	B	S	Y	U	S	B	S	Y	B	U
N	B	B	B	U	N	Y	U	S	N	S	Y	S	Y	Y
B	B	S	S	B	Y	Y	Y	S	B	S	U	N	Y	B
Y	S	N	B	B	U	U	S	S	U	N	N	S	U	Y
S	N	B	B	U	Y	S	U	U	U	S	Y	N	B	N
B	Y	U	N	B	Y	B	Y	B	Y	U	B	U	B	B
N	B	Y	Y	B	N	N	U	U	B	N	B	N	U	N
Y	U	U	B	S	U	S	N	B	S	Y	S	B	Y	Y

서커스에서

인지

영국 서커스는 여러 면에서 빅토리아 시대에 황금기를 맞았다. 그 당시 영국인들에게 서커스 구경은 집 근처에서 기이하고 멋진 광경을 보는 엔터테인먼트였고, 즐거운 가족 나들이의 한 형태였다.

빅토리아 서커스 장면에서 여덟 가지 다른 점을 찾아보자.

빅토리아 시대 스포츠

인지

빅토리아 시대에는 각종 스포츠가 큰 인기를 끌기 시작했는데, 오늘날까지도 활발히 행해지는 것이 많다. 크리켓도 그중 하나다. 열 개의 크리켓 배트가 던져져 있다. 어떤 것이 더미의 맨 아래에 깔린 것일까?

의문의 물체

인지

포그와 그의 여행 동료들에게 익숙한 무언가가 네 조각으로 잘려 섞여 있다. 이 조각들을 머릿속으로 재배열하여 무엇인지 맞혀보자. 방향이 돌려진 조각도 몇 개 있다.

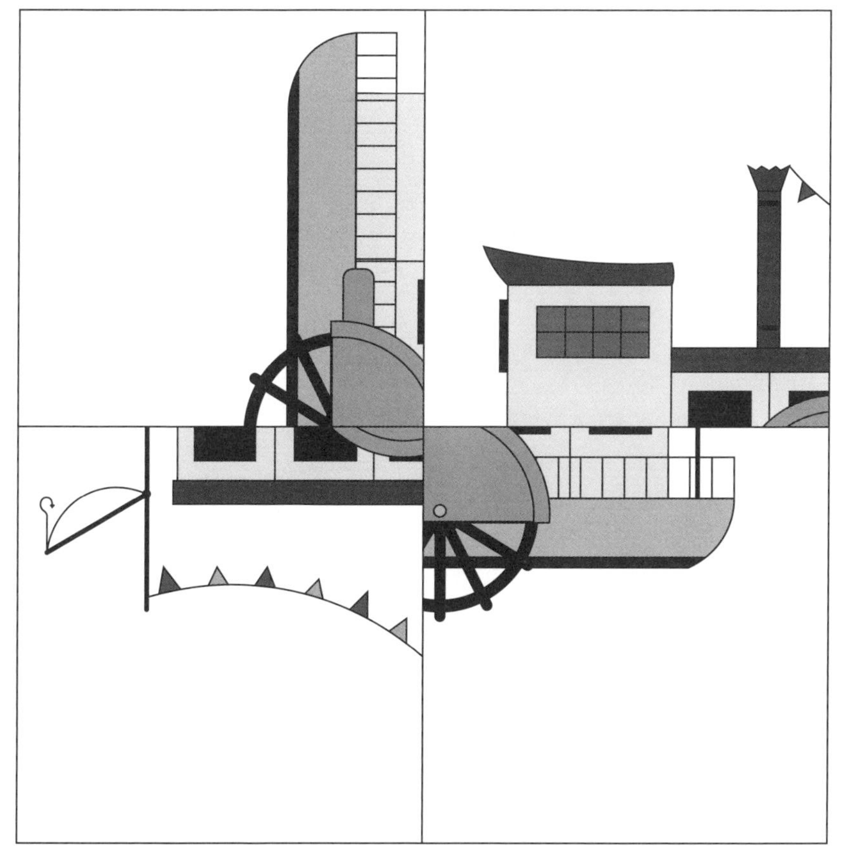

빅 애플

인지

포그와 파스파르투 그리고 아우다는 여행 중에 너무 낯선 음식이나 별로 맛없는 음식도 먹어야 했는데, 뉴욕에서 싱그러운 과일을 대접받고 마음의 평화를 찾았다. 포그는 사과를, 파스파르투는 바나나를, 아우다는 오렌지를 먹었다. 뒤엉킨 선을 따라 가서 1번, 2번, 3번이 누구의 손인지 구별해보자.

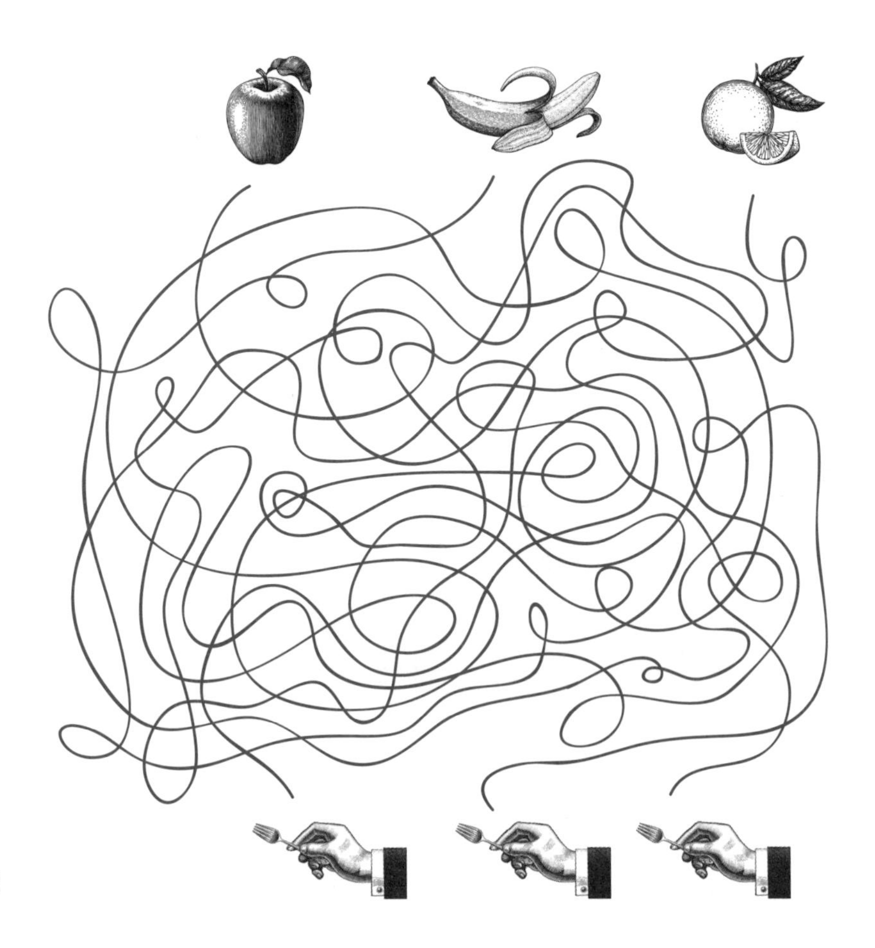

세계 관광

문제 해결

19세기에는 세계를 누비는 여행이 선풍적인 인기를 끌었으며 대범한 사람들의 상상력을 사로잡았다. 최초의 세계 관광은 베른의 소설이 출간되기 1년 전인 1872년에 실시되었다. 빅토리아 시대에 철도는 급속히 발전했고, 기차 여행이 생활 속으로 스며들었다.
가게를 운영하는 알버트는 여름에 해변 휴양지인 스카버러에 가기로 결정했다. 사업을 확장하고 그곳에 매장을 열고 싶었기에 관광객들을 대상으로 새로운 사업을 펼칠 수 있을지 타진해보고 싶었다. 그는 6월 2일에 기차를 타고 79일 후에 집으로 돌아왔다. 그가 집에 돌아온 날짜는 몇 월 며칠일까?

'필리어스'의 'P'

문제 해결

그리드에 숨어 있는 다음의 숫자들을 모두 찾아보자. 각 숫자는 '필리어스'의 첫 글자 'P' 모양으로 숨어 있다. 숫자 하나를 미리 찾아 그리드에 표시해 두었으니 참고하자. 나머지 숫자들도 전부 같은 방향의 'P' 모양이고, 'P' 내에서 숫자들이 쭉 이어지는 동일한 패턴을 따른다. 출발은 'P' 밑에서 하는 것도 있고 위에서 하는 것도 있다.

03870811	11269901	25609781	36664412	88995544
21020541	09081842	12307854	50858715	51545259
90903434	23645189	11233408	12894413	35469991

34634122

8	5	7	9	3	9	9	9	0	9	7	9	0	5	5
1	3	0	9	6	4	7	6	6	1	8	3	3	8	3
5	8	7	9	3	5	4	5	5	9	5	5	7	7	0
8	5	1	9	8	2	5	1	2	7	1	3	0	9	7
0	5	3	1	0	5	3	3	2	3	0	4	9	0	5
5	5	2	5	3	9	4	1	1	6	4	3	0	7	8
8	1	8	0	7	8	0	4	7	9	9	4	3	4	5
0	2	4	8	0	3	8	5	7	4	9	6	2	1	6
9	5	4	1	1	7	9	5	9	9	9	1	1	8	3
0	9	7	1	4	5	1	5	8	8	0	4	5	6	1
3	4	1	2	6	9	8	4	2	2	1	2	0	5	5
6	2	2	4	3	6	4	4	9	4	4	0	1	4	1
4	9	2	0	2	6	2	1	8	3	1	1	4	7	9
3	3	5	9	2	6	2	1	2	5	9	2	9	6	7
4	6	1	2	1	3	1	8	1	3	7	5	8	6	8

빛을 밝히라

수평적 사고

전기는 빅토리아 시대에 빠르게 보급되었고, 19세기 말엽 런던 거리에 가로등이 설치되었다. 전구처럼 번뜩이는 통찰력으로 다음의 두뇌회전 문제를 풀어보자.

9월 3일, 27개의 가로등이 거리에 설치되었다. 이는 8월 2일에 설치된 16개보다는 많았지만 6월 9일에 설치된 54개보다는 적었다. 9월 5일에는 몇 개의 가로등이 설치되었을까?

거울 이미지

인지

포그는 여행 중에 아우다라는 젊은 인도 여성을 만나게 되었고 나중에 그녀와 결혼했다. 아래 액자에 있는 '아우다AOUDA'라는 단어를 거울에 비추면 ①~④ 중 어느 것이 나올까?

거울 모서리 놓는 곳

①

②

③

④

현명한 내기?

수학

포그가 개혁 클럽에서 2만 파운드라는 기상천외한 내기를 걸자 다른 회원이 그에게 또 다른 제안을 했다. 내용은 간단했다. 포그가 1,000파운드를 걸고 표준 주사위 두 개를 굴린다. 두 숫자의 합이 7보다 크면 포그가 2,000파운드를 가져가고, 7이하이면 그의 몫은 없다. 포그가 이 제안을 수락한다면 이길 확률이 50퍼센트 이상일까?

안개 속 결정

수평적 사고

포그는 부둣가를 돌아다니며 여행을 계속하기 위해 탈 배를 찾고 있었다. 배의 이름만 알고 있었는데 안개가 자욱해서 글자를 하나도 알아볼 수 없었다. 갈매기가 날고 해초가 떠다니는 흔한 광경 외에 배들의 윤곽과 갑판 위에 서 있는 몇몇 사람의 형상 정도가 눈에 들어왔다. 그는 자신이 요청했던 배가 실제로 어떤 모습인지, 누가 승선했는지 전혀 알 수 없었다. 부둣가에는 어디로 가야 할지 안내해줄 그 무엇도 없었고, 배에 탄 사람들은 소리가 안 들릴 정도로 멀리 있었다. 그런데도 포그는 어느 배 한 척이 자신이 요청한 배임을 확신하고 걸어가 탈 수 있었다. 어떻게 이런 일이 가능했을까?

확률은 얼마일까?

문제 해결

파스파르투는 포그의 집에 처음 도착하자마자 주인어른의 정돈된 삶에 존경심이 들었다. 바지, 코트, 양복조끼 하나하나에 번호가 매겨져 있었다. 그 번호를 기록한 장부가 있어서 언제 어떤 옷을 꺼내고 넣었는지, 다음에 입어야 할 때가 언제인지 알 수 있었다.

이와는 대조적으로 방금 도착한 파스파르투의 가방에는 아직 풀지 않은 짐이 뒤죽박죽 섞여 있었다. 양말이 든 가방에는 파란색 양말 일곱 켤레, 회색 양말 여섯 켤레 그리고 검은 양말 열두 켤레가 있었다. 그가 양말을 보지 않고 아무것이나 집는다고 할 때, 최소 몇 켤레를 꺼내야 모든 색깔의 양말이 한 켤레 이상 나오는가?

배 모양

문제 해결

이 퍼즐을 풀어 간단한 배를 그릴 수 있겠는가? 사각형 안의 숫자는 자기 자신 포함, 인접한 사각형 중(대각선 인접 포함) 몇 개의 사각형을 칠해야 하는지 나타낸다. 예를 들어 0이라면 0이 있는 사각형 및 인접한 여덟 개의 사각형 중 아무것도 칠해선 안 된다. 만약 9라면 9가 있는 사각형 및 인접한 여덟 개의 사각형을 모두 칠하면 된다.

			0		0			3										0	
0							1				1	0			0				
				0					6	5					1			0	
		0				5	5			6	6			1	2		2		0
	0								7	8				1					
			2		6				5			4	1			5			
	0		3				4									6		5	
					6	5				7			1			6	9		
	3		4	4		7			7	8			3	1					
								5	5			5						3	
4		8			2	2		4		4			2		3	3	3		0
	5		5		1			3		3	0								
3		7		4			2					0				5		3	
	6			6					5	5	3				6		7		
		7												7				7	
	2			7		5	6	8			7			8		8		6	
					5												8		
		1			7		7		7				7		7		7		
0						9		9			9			9					1
		0			5											5		1	

둥글게 둥글게

문제 해결

아래 아홉 개의 접시를 가장 작은 것부터 큰 것까지 머릿속으로 나열해보자. 빅토리아 시대의 유명인사 이름이 나올 것이다.

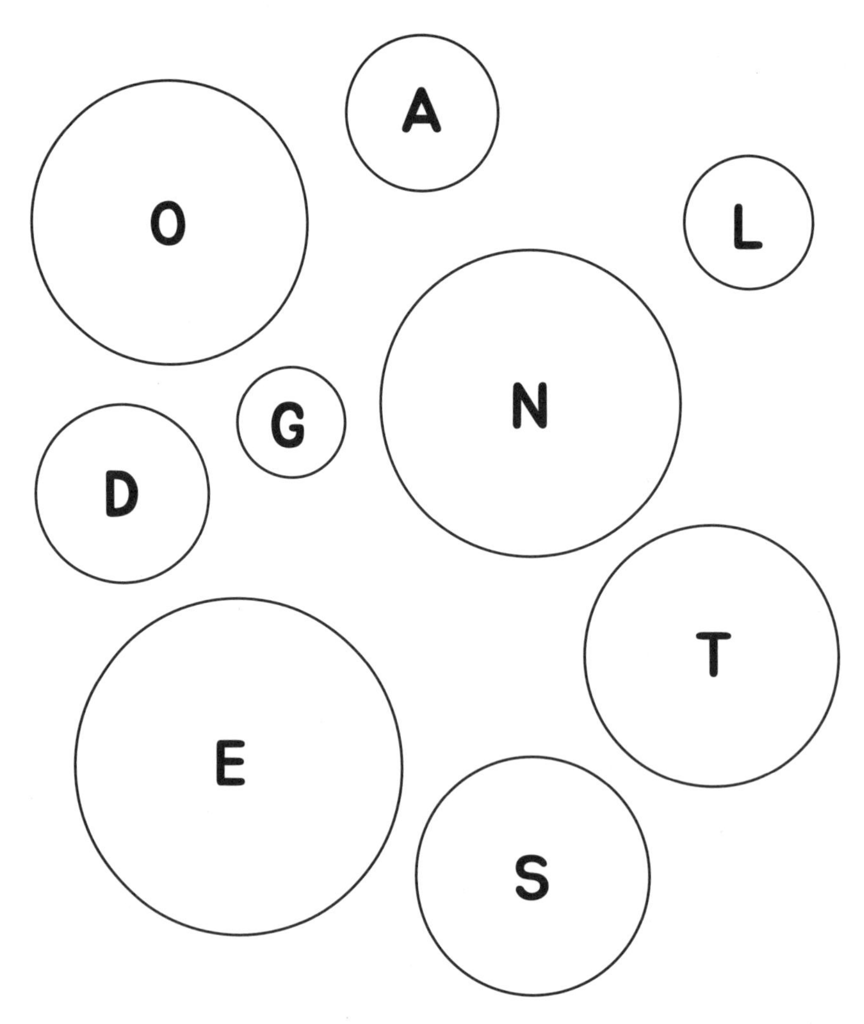

고기 만찬

문제 해결

빅토리아 시대에는 고기를 먹는 일이 흔치 않았다. 일요일에 선데이로스트를 먹는 전통 덕분에 일주일에 한 번 고기를 섭취할 수 있었다.
빅토리아 시장의 한 정육점 주인은 어느 날 자신의 소시지와 돼지고기 파이를 모두 팔고 싶었다. 그의 노점에는 소시지와 돼지고기 파이를 합쳐 140개가 있었고, 소시지가 돼지고기 파이보다 1.5배 많았다. 그는 소시지와 돼지고기 파이를 각각 몇 개씩 가지고 있었는가?

대박람회

수학

대박람회는 1851년 런던에서 개최된 국제 전시회였다. 빅토리아 시대의 산업과 문화를 잘 보여준 전시회로, 성황리에 진행되었다.

어느 토요일 아침 열두 가족이 전시관 한 곳을 방문했다. 네 가족은 3명의 구성원이 있었고, 다섯 가족은 4명, 한 가족은 6명, 두 가족은 3명의 구성원이 있었다. 그중 남자가 25명이었다면 여자는 몇 명이었을까? 종이에 아무것도 쓰지 말고 계산해보자.

많은 물병

수학

포그는 여행을 떠나기 전에 치밀한 계획을 세웠다. 어떤 나라는 무척 더울 것으로 예상됐기 때문에 물병을 들고 다니면서 수분을 보충해야 할 때마다 마시기로 했다. 포그는 아주 세부적인 것까지 깐깐하게 준비하는 사람이므로 파스파르투에게 전문 상점에 가서 그가 원하는 물병을 주문 제작해 오라고 했다. 주문 사항은 정확히 지름 6인치, 높이 12인치의 원통 모양이었다. 이 물병의 부피는 반올림하여 얼마인가?

무고한 사람

문제 해결

런던으로 돌아온 픽스는 포그를 체포하지만 진짜 은행 강도가 이미 붙잡혔다는 소식을 듣게 된다. 픽스가 무고한 사람을 쫓는 데 그토록 많은 시간과 정열을 쏟았다는 것을 깨닫는 순간 어떤 표정을 지었을까? 이 퍼즐을 풀며 확인해보자.

가장자리의 숫자는 각 행과 열에서 몇 개의 사각형을 칠해야 하는지 나타낸다. 예컨대 1 2 1은 네 개의 사각형을 칠해야 한다는 의미다. 쉼표는 색칠한 사각형 사이에 빈 칸이 한 개 이상 있다는 의미다. 따라서 1, 2, 1은 왼쪽부터 빈 칸이 0개 또는 그 이상, 그다음 색칠한 사각형 한 개, 그다음 빈 칸 한 개 또는 그 이상, 그다음 색칠한 사각형 두 개, 그다음 빈 칸이 한 개 또는 그 이상, 그다음 색칠한 사각형 한 개를 의미한다.

							1	2					2	1						
						1	1	2	2			2	2	1	1					
						1	2	2	4			4	2	2	1					
					2	2	1	1	1	1	1	1	1	1	2	2				
				2	2	1	5	3	3	3	4	3	3	5	1	2	2			
	0	0	0	4	2	5	2	1	1	1	1	1	1	2	5	2	4	0	0	0
0																				
4, 4																				
2, 2, 2, 2																				
1, 1, 1, 1																				
4, 4																				
2, 2, 2, 2																				
1, 2, 1, 1, 2, 1																				
1, 2, 1, 1, 2, 1																				
2, 2, 2, 2																				
4, 4																				
0																				
8																				
1, 1																				
10																				
10																				
10																				
1, 1, 1																				
2, 2																				
8																				
0																				

열기구 경기

논리

네 명의 친구가 공원에서 열기구 경기를 관람하고 있었다. 해리, 데이비드, 어니스트, 로이는 나란히 줄지어 서서 유쾌한 시간을 보냈다. 그들은 각각 다른 열기구를 하나씩 선택하여 내기하자고 했다. 열기구는 회색, 초록색, 분홍색, 파란색이었다. 경기가 끝난 후 해리의 아내 루신다는 다들 어느 열기구에 내기를 걸었는지 물었다. 아래 주어진 단서로 추론할 수 있겠는가?

파란색 열기구에 내기를 건 사람은 양옆에 친구가 서 있지 않았다.
로이는 분홍색 열기구에 내기를 걸지 않았다.
회색 열기구에 내기를 건 사람이 분홍색 열기구에 내기를 건 사람 옆에 서 있었다.
데이비드는 초록색 열기구에 내기를 걸었다.

이름	색깔
해리	
데이비드	
어니스트	
로이	

여름휴가지에서

수학

카터 가족은 모어캄에서 여름휴가를 즐기고 있었다. 눈부시게 화창한 어느 날 카터는 두 자녀 밀리와 아델리아에게 1파운드를 주며 네 명의 가족이 먹을 샌드위치를 사 오라고 했다. 밀리와 아델리아는 샌드위치 가게에 가서 햄 치즈 샌드위치 두 개, 잼 샌드위치 한 개, 그리고 밀리가 가장 좋아하는 참치 샌드위치 한 개를 사기로 했다. 샌드위치의 가격은 아래와 같았다.

밀리와 아델리아는 1페니짜리 음료 네 잔도 샀다. 그리고 갑자기 배가 고파져서 $\frac{1}{2}$페니짜리 케이크 네 조각을 샀다. 밀리와 아델리아가 음식을 모두 산 후 1파운드에서 남긴 거스름돈은 얼마인가? 참고로 12페니 = 1실링, 20실링 = 1파운드다.

왕족 찾기

문제 해결

필리어스 포그는 뉴욕에 있는 동안 보르도로 가는 증기선 헨리에타 호를 발견했다. 헨리에타는 영국 왕 찰스 1세의 아내 이름이었다. 옆의 왕관 모양 낱말 찾기 판에서 12명의 왕후 이름을 더 찾아내보자. 이름은 수평, 수직 또는 대각선으로 놓여 있고 앞으로 혹은 뒤로 읽을 수 있다.

ADELAIDE	CHARLOTTE	ISABELLA
MARY	ANNE	ELEANOR
JANE	MATILDA	CAROLINE
ELIZABETH	MARGARET	VICTORIA

B									B	A									R
Q	F	A						O	N	T	N						G	U	R
O	Q	T	Y				T	N	Y	K	E	M				T	A	L	T
B	J		G	A		F	E	E		W	F	E	J		E	A		M	Z
E				L	H	T	F				G	O	D	T	R				L
N	R		R	L	E	T	A	Z		M	A	O	T	I	N	N		E	Y
I	O	T	P	E	N	X	E	E	N	S	R	O	E	T	A	H	T	N	R
L	N	I	X	B	Z	E	O	B	E	S	L	F	N	R	T	L	L	A	A
O	A	A	M	A	T	I	L	D	A	R	T	X	M	S	I	U	E	J	M
R	E	P	U	S	U	Y	O	R	A	Z	Q	H	L	Z	I	C	K	D	Z
A	L	T	J	I	U	A	P	H	V	A	I	R	O	T	C	I	V	Y	A
C	E	R	H	L	U	S	C	B	W	Z	O	L	V	C	P	P	U	A	R
P	S	O	O	T	E	R	A	G	R	A	M	R	E	W	U	F	O	I	A

사진에서

논리

19세기에 기술이 급속도로 발전하면서 일반인들도 손쉽게 사진을 찍을 수 있게 되었다. 소형 카메라는 1889년에 출시되었고, 최초로 사진을 찍은 군주는 바로 빅토리아 여왕이었다.

에반스 가족(아버지 조, 어머니 저티, 딸 헤이즐)은 가족사진을 찍어 엘시 할머니께 선물로 드리기로 했다. 아래의 단서를 이용하여 가족구성원의 코트 색상과 코트의 단추 개수를 알아내보자. 코트의 색상은 각각 갈색, 초록색, 검정색이었다. 코트의 단추 개수는 각각 두 개, 세 개, 네 개였다. 풀이 과정을 메모하지 말고 아래 표에 바로 답을 써보자.

이름	코트 색상	단추 개수
조		
저티		
헤이즐		

헤이즐의 코트는 갈색이 아니고 단추가 세 개 달려 있지 않았다. 조의 코트는 초록색이었다. 갈색 코트는 단추가 두 개 있었다.

지구에서 찾기

문제 해결

《80일간의 세계 일주》에 나오는 모든 등장인물을 지구 모양의 단어 찾기 퍼즐에서 찾아보자. 단어는 수평, 수직 또는 대각선으로 놓여 있고 앞으로 혹은 뒤로 읽을 수 있다.

ALBEMARLE	AOUDA	BUNSBY	FIX
FOGG	FORSTER	MUDGE	OBADIAH
PASSEPARTOUT	ROWAN	SPEEDY	STRAND

R A O
T O O B A B X
S W U A S T I O V
D A D D L A F C E S X
N A I A B Y D E E P S
R P A S S E P A R T O U T
F H E Q G M G B U N S B Y
U O W L R A E D B V S E R
D R D W R G A U T J T
H E S N L B G R M S T
A X T E E A O P S
A G E N L B F
D R E

54일간의 세계 일주

수학

많은 사람이 이 소설을 읽고 영감을 받아 포그의 가상 여행을 현실 세계에서 시도해보았다. 1903년 미국 연극평론가 제임스 세이어는 대중교통으로 단 54일 만에 세계 일주를 했으며, 이 과정에서 포그의 가상 업적을 가볍게 뛰어넘어 세계 기록을 경신했다.

포그의 여행이 80일 걸렸고 세이어의 여행은 54일밖에 걸리지 않았는데, 세이어의 여행 기간은 포그의 여행 기간에 비해 몇 퍼센트 감소했는가?

빙하 주의

문제 해결

빅토리아 시대에는 거대한 세계 탐험이 이루어졌다. 한 대담한 선원이 그린란드 근처의 해역을 탐험하면서 빙하의 위치를 지도에 표시하고 있었다. 그는 바다의 한 구역을 10 × 10 그리드로 나누었다. 다음 규칙에 근거하여 빙하의 위치를 알아내보자.

숫자는 빙하가 있는 사각형이 몇 개 인접했는지(대각선으로 인접한 것 포함) 나타낸다. 숫자가 들어 있는 사각형에는 빙하가 없다.

2			1	1	3				0
								2	
4			3			1		3	
	3								
	1				1				4
		0			0			2	
	2				0			2	
		2		2	3	4	4		
0			1					2	

오래된 질문

문제 해결

제너럴그랜트 호의 선장은 포그, 파스파르투, 아우다, 픽스에게 스테이크 앤드 키드니 파이 한 조각을 내주었다. 그런데 이렇게 맛있는 파이는 완전히 공짜가 아니라 그가 내는 퀴즈의 정답을 맞혀야 한다고 했다. 선장은 눈을 반짝이며 그가 선장으로 일하며 바다에서 보낸 날수를 계산해보라고 말했다. 아래의 단서를 바탕으로 네 자리 수인 답을 구해보자.

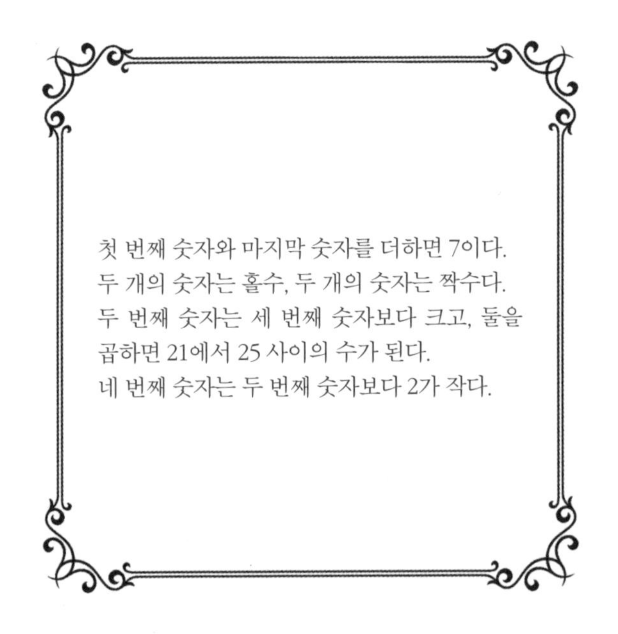

첫 번째 숫자와 마지막 숫자를 더하면 7이다.
두 개의 숫자는 홀수, 두 개의 숫자는 짝수다.
두 번째 숫자는 세 번째 숫자보다 크고, 둘을 곱하면 21에서 25 사이의 수가 된다.
네 번째 숫자는 두 번째 숫자보다 2가 작다.

가자, 수영하러

수학

최초의 근대 올림픽은 1896년 아테네에서 개최되었다. 이 시기에 많은 현대 스포츠가 인기를 끌기 시작했다. 물론 수영처럼 아주 오래전부터 이어져 온 스포츠도 있었다.

올림픽 수영에 관한 글을 읽고 의욕이 솟은 세 명의 친구는 의기투합하여 동네 수영 클럽에 가입하기로 결정했다. 그들은 수영이 얼마나 재미있던지 등록하길 잘했다고 생각했다. 회원 가입 양식에는 선택 사항으로 몸무게를 적는 칸이 있었다. 두 친구 로저와 해미쉬는 몸무게를 적었고 세 번째 친구 조지는 적지 않았다. 로저의 몸무게는 10스톤 6파운드였고 해미쉬의 무게는 11스톤 5파운드였다. 세 친구의 평균 체중이 11스톤 2파운드임을 감안할 때 조지의 몸무게는 얼마이겠는가? 단, 1스톤은 141파운드이다.

식수

수평적 사고

코끼리를 타고 알라하바드로 향하던 중 여행자들은 간식을 먹으려고 잠시 휴식 시간을 가졌다. 또한 코끼리들에게도 물을 먹여 갈증을 해소시켜줘야 했다. 가이드는 코끼리 한 마리당 정확히 4파인트의 물을 마셔야 한다고 매우 구체적인 의견을 냈다. 왜 그런지 다른 사람들이 납득할 만한 이유는 대지 못했지만 이것이 코끼리들이 마실 최적의 양이라고 했다. 아쉽게도 물통이 3파인트, 5파인트 용량밖에 없었다. 그들은 물웅덩이에서 4파인트의 물을 어떻게 길어 코끼리들에게 주었을까?

상상의 교통수단

창의력

포그와 파스파르투는 다음 여행 구간인 뉴욕으로 가기 위해 기차를 탔다. 그런데 그가 습격을 당했다. 그래서 그들은 바람으로 움직인다는 썰매를 타고 오마하까지 가기로 했다.

풍력 썰매는 어떻게 생겼을까? 상상력을 발휘하여 그려보자.

디너파티에서 생긴 일

문제 해결

테일러 여사는 호화로운 디너파티를 열어 사람들을 초대하곤 했다. 즐거운 놀이와 웃음과 음식이 있는 저녁은 자신이 책임질 테니 손님들은 반드시 가장 근사한 옷을 멋지게 차려입고 올 것을 당부했다. 모건 부인은 테일러 여사의 디너파티에 단골처럼 오는 친구인데, 값비싸고 다소 유난스러운 은 장신구를 착용하곤 했다.

어느 날 오후, 모건 부인은 테일러 부인의 집 문을 두드렸다. 자기가 가장 좋아하는 은 장신구 한 점을 잃어버렸는데 몇 달 전부터 보이지 않았다는 것이다. 마지막에서 두 번째 디너파티에서는 분명히 차고 있던 것으로 기억하므로, 테일러 부인의 집 어딘가에 떨어진 게 아닌지, 혹시 파티가 끝난 후 다른 손님이 주워서 건네준 것이 있었는지 물어보았다. 테일러 부인의 마지막 파티는 8월 29일이었고, 그 이전 파티는 143일 전에 열렸다. 모건 부인이 목걸이를 잃어버린 날짜는 며칠인가?

증기선

수평적 사고

포그는 파스파르투에게 약간의 수평적 사고를 요하는 문제를 냈다.

"여행하는 동안 증기선을 많이도 탔군. 만약 내가 몽골리아MONGOLIA 호에 총 60점, 랑군RANGOON 호에 55점, 차이나CHINA 호에 40점을 준다면, 카르나틱CARNATIC 호에는 몇 점을 줄 것 같은가?"

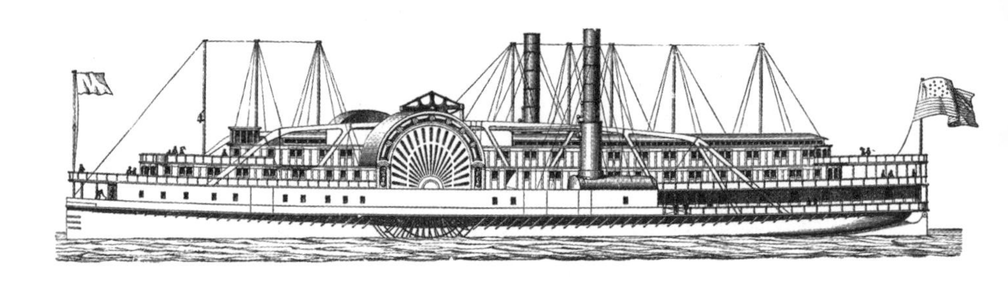

내 사랑, 박하사탕!

수학

철도 시스템은 빅토리아 시대에 급속히 발전하여 1825년에는 최초로 공공 철도에 증기기관차가 다니기 시작했다. 1880년까지 기관차의 수가 1만 대 이상 증가했으며 연간 약 10만 명의 승객을 실어 날랐다.
픽스 형사는 어느 날 아침 기차를 기다리는 동안 박하사탕 한 봉지를 샀다. 그는 박하사탕이라면 자다가도 벌떡 일어날 만큼 좋아했다. 기차가 도착했을 때 이미 4분의 1을 먹은 상태였고, 여행하는 도중에 남은 것의 절반을 더 먹었다. 목적지에 도착했을 때에는 겨우 아홉 개 밖에 남지 않았다. 처음 샀을 때 봉지 안에 몇 개가 들어 있었을까?

얇은 얼음 위 스케이팅

수학

밀리센트는 동네의 얼어붙은 호수에서 열린 아이스 스케이팅 대회를 관람하고 있었다. 호수의 얼음이 점점 얇아지기 시작하면서 대회가 이틀 앞당겨 개최되었다. 선수들의 연기가 어찌나 멋지던지 넋 놓고 감상하다가 우승후보 사라가 받은 최종 점수를 놓치고 말았다. 심사위원은 여섯 명으로 선수들의 연기에 0.0점부터 최대 6.0점까지 점수를 매겼다. 사라가 받은 점수는 다음과 같다.

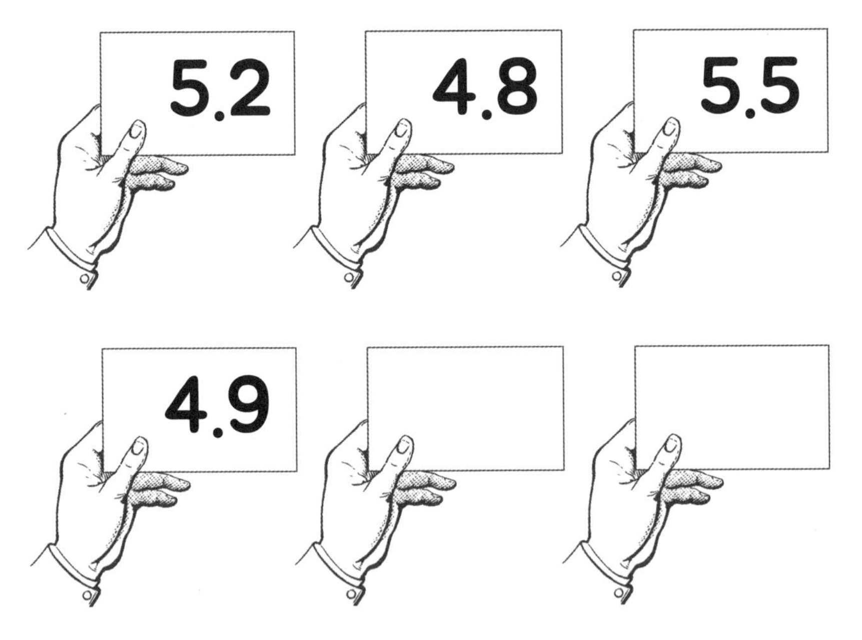

밀리센트는 여섯 명의 심사위원이 준 총점이 30.8점이라는 대화를 얼핏 들었다. 마지막 두 명의 심사위원이 준 점수는 서로 다르지만 소수점 아래의 숫자가 같다. 이 두 심사위원은 각각 몇 점을 주었을까?

코끼리 경주

문제 해결

알라하바드로 가는 여정에 차질이 생겨 포그는 코끼리를 구해서 타고 가야 했다. 번거롭게도 알라하바드까지 놓인 줄 알았던 철길이 실제로는 없었던 것이다!

포그는 가장 빠른 코끼리를 고르고 싶었다. 다섯 마리 중 선택할 수 있었는데 모두 최근에 경주에 참가한 이력이 있었다. 아래의 정보를 보고 각 코끼리의 등수를 파악하라. 참가 번호 1번부터 5번까지의 코끼리 중 우승한 코끼리를 타고 갈 것이다.

오직 한 마리의 코끼리만 참가 번호와 같은 등수로 경주를 마쳤다. 1번 코끼리는 1등을 하지 않았고 3번 코끼리는 3등을 하지 않았다. 2번 코끼리는 5번 코끼리보다 앞서 들어왔고 3번 코끼리보다 뒤에 들어왔다. 1번 코끼리는 4등이나 5등이 아니었다. 3번 코끼리는 짝수 등수로 경주를 마쳤다.

궁지에 빠진 코끼리

문제 해결

불행히도 포그가 선택한 코끼리는 달릴 때는 정말 빨랐지만, 체력이 약했고 휴식을 자주 취해줘야 했다. 코끼리를 잘못 선택한 것이다. 다른 코끼리로 바꿔야겠다고 생각하던 차에 아래 A~G라고 이름 붙은 일곱 마리 중 선택하겠냐는 제안이 들어왔다. 아래 단서를 바탕으로 포그가 일곱 마리 중 어느 코끼리를 선택했는지 찾을 수 있겠는가?

그가 선택한 코끼리는 양쪽에 코끼리가 서 있지만 왼쪽과 오른쪽에 같은 수가 서 있는 코끼리가 아니다. 또한 왼쪽과 오른쪽에 같은 수의 코끼리를 가진 코끼리 옆에 서 있는 코끼리도 아니며, 왼쪽보다 오른쪽에 더 많은 코끼리가 서 있는 코끼리도 아니다.

연도 기억하기

문제 해결

아래의 단서를 풀면 네 자리 숫자가 나올 것이다. 무엇일까? 네 자리 모두 다른 숫자다.

첫 번째와 두 번째 숫자를 더하면 9다.
세 번째와 네 번째 숫자를 곱하면 21이다.
두 번째 숫자는 세 번째 숫자의 두 배보다 크다.
답을 구했다면, 그해에 발생한 중요한 사건은 무엇인가?

배를 잃다

문제 해결

포그가 여행 중에 타야 할 배를 놓치지 않도록 배의 이름을 알려주자. 배의 이름을 알기 위해서는 아래의 직소 스도쿠를 풀어야 한다. 각 행, 열 및 굵은 선으로 표시된 직소 영역에 숫자 1~9를 한 번씩 배치하여 그리드를 완성한다. 그중 하나의 숫자가 배의 이름을 나타낼 열쇠다. 그 숫자를 찾아내면 맞은편 그리드에서 대응하는 글자를 찾아 포그가 상하이로 갈 때 탈 배의 이름을 맞혀보자.

			6	9	3			8
	2				4			
			5	1				
	3				1			
			7		8			
		5			9			4
				7				
1								

T	J	E	S	P	H	O	H	A
Q	J	J	S	K	Y	A	H	E
D	Z	G	N	T	D	R	Y	H
E	L	M	O	O	S	E	K	F
T	H	L	I	A	W	T	S	R
K	Y	D	H	E	H	F	S	M
J	E	J	X	K	R	R	D	J
S	S	J	E	N	R	K	W	P
D	S	Y	O	A	H	C	S	E

테니스를 좋아하는 사람

논리

테니스는 빅토리아 시대에 인기를 얻기 시작했다. 1877년 윔블던 챔피언십은 세계 최초의 공식 토너먼트였고, 잔디 코트에서 개최되었다. 휴식 시간 동안 세 명의 숙녀들은 그들이 가장 좋아하는 샷이 무엇인지(포핸드, 백핸드, 서브), 그리고 처음 테니스를 쳤을 때 몇 세였는지(8세, 12세, 14세) 이야기를 나누었다. 아래 단서를 읽은 후 풀이 과정을 메모하지 말고 아래 표에 바로 답을 써보자.

모드는 테니스를 처음 친 것이 12세가 아니고 서브를 좋아하지 않는다. 헨리에타는 포핸드를 좋아하고 테니스를 처음 친 것은 8세가 아니다. 테스는 세 사람 중 가장 늦은 나이에 테니스를 시작했다.

이름	좋아하는 샷	처음 테니스를 친 나이
헨리에타		
모드		
테스		

가계도

수학

미니 할머니는 대가족이었다. 총 여덟 명의 자녀와 네 명의 형제자매가 있었다. 그녀의 첫째 자녀에게는 한 명의 자녀가 있었고, 둘째 자녀에게는 두 명의 자녀가 있었고, 셋째 자녀에게는 세 명의 자녀가 있었고… 여덟째 자녀에게는 여덟 명의 자녀가 있었다. 게다가 그녀의 형제자매의 손주들을 보면 한 명에게는 미니 손주들의 절반의 손주가 있었고, 다른 한 명에게는 $\frac{1}{3}$이, 다른 한 명에게는 $\frac{1}{4}$이, 나머지 한 명에게는 $\frac{2}{3}$가 있었다. 이런 점을 고려하여 미니에게 모두 몇 명의 손주와 조카손주가 있었을까? 머릿속으로 답을 계산해보자.

그들이 사라졌다

창의력

포그와 파스파르투는 콜카타에 있는 동안 픽스 형사가 따라오고 있음을 눈치채고 재빨리 랑군 호에 올랐다. 픽스는 그들을 놓치지 않으리라는 각오를 다지고 같은 배에 타서 배 안을 샅샅이 뒤졌다. 그러나 그들이 증기선에 오르는 것을 자신의 두 눈으로 똑똑히 보았는데도 찾을 수 없었다. 그들이 배에 탔는데도 픽스가 찾을 수 없었던 다섯 가지 경우를 생각해보자.

카드 기술

문제 해결

개혁 클럽 회원들은 포그가 제시간에 돌아와 내기에서 이길 수 있을지 그 결과를 초조하게 기다렸다. 일부 회원은 카드로 식 세우기 놀이를 하면서 긴장을 풀었다. 숫자 카드 2~9를 사용했고, 여러 카드 게임에서 하는 것처럼 에이스를 숫자 1로 사용했다.

 한 회원이 카드로 아래의 식을 세웠다.

하지만 그 회원은 포그의 귀환이 임박했는지 아닌지 잠시 딴생각을 하다가 한 쌍의 카드를 잘못된 위치에 놓았다. 식을 올바르게 고치려면 어떤 카드 한 쌍의 위치를 바꿔야 할까?

건초 더미 속 바늘

문제 해결

이전 하인이었던 제임스 포스터는 화씨 86도가 아닌 화씨 84도의 면도용 물을 가져왔다는 이유로 해고되었다. 그는 필리어스 포그를 기쁘게 하는 것보다 차라리 건초 더미에서 바늘을 찾는 것이 쉽겠다고 생각했다.
1부터 100까지 무작위로 번호가 붙은 건초 더미에서 바늘을 찾을 수 있겠는가? 아래의 단서가 도움 될 것이다.

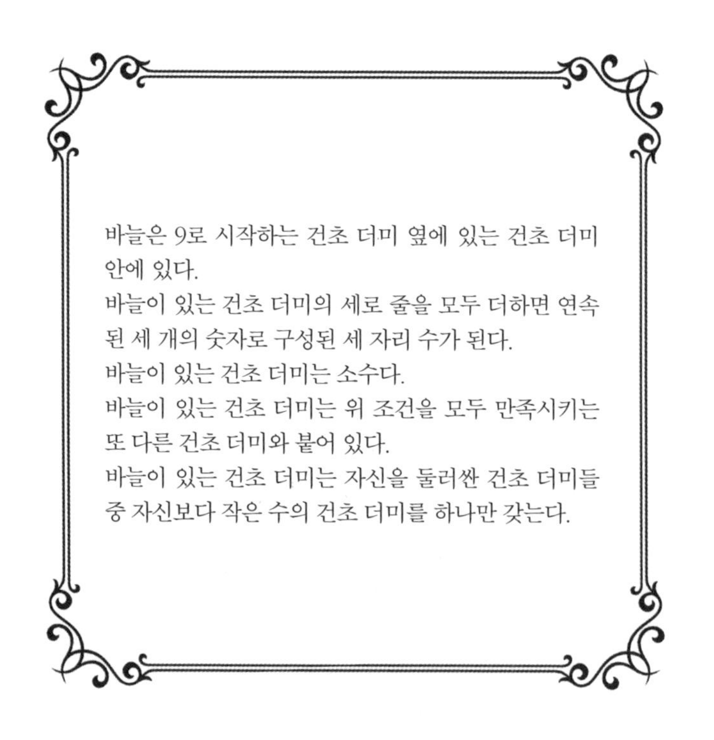

바늘은 9로 시작하는 건초 더미 옆에 있는 건초 더미 안에 있다.
바늘이 있는 건초 더미의 세로 줄을 모두 더하면 연속된 세 개의 숫자로 구성된 세 자리 수가 된다.
바늘이 있는 건초 더미는 소수다.
바늘이 있는 건초 더미는 위 조건을 모두 만족시키는 또 다른 건초 더미와 붙어 있다.
바늘이 있는 건초 더미는 자신을 둘러싼 건초 더미들 중 자신보다 작은 수의 건초 더미를 하나만 갖는다.

39	73	20	72	93	74	62	76	53	43
55	96	67	69	51	40	56	45	52	68
94	99	83	92	8	42	98	80	79	11
10	90	58	65	6	16	85	84	66	88
37	21	35	47	61	100	77	28	29	89
26	4	48	5	19	78	32	60	33	41
95	82	18	54	3	64	13	31	70	14
87	22	86	27	81	50	63	38	2	97
49	91	17	46	7	23	30	12	15	44
9	34	24	75	59	1	25	71	57	36

애플파이 주문

기억력

포그와 파스파르투는 증기선 랑군 호를 타고 홍콩으로 가는 도중 영국 요리사에게서 애플파이를 대접받는다. 애플파이를 매우 맛있게 먹은 포그는 요리사에게 레시피를 물어보았다. 그는 레시피를 기억하기 위해 30초 동안 재료 목록을 숙지했다. 여러분도 똑같이 할 수 있겠는가? 아래 재료를 30초간 본 후 가리고 질문에 답해보자.

재료

밀가루 8온스
소금 한 꼬집
버터 4½온스
찬 물 5큰술
요리용 사과 3개
달걀 1개
계피가루 1큰술
서빙 전 뿌릴 백설탕

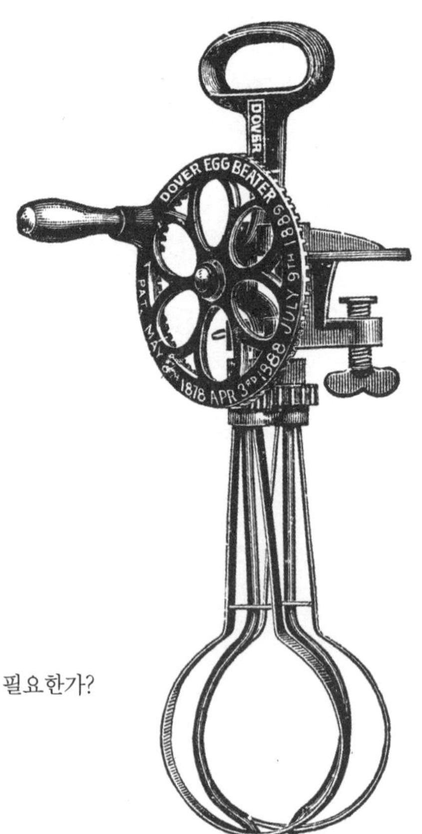

질문

1. 밀가루는 몇 온스가 필요한가?
2. 파이를 만들려면 몇 개의 요리용 사과가 필요한가?
3. 어떤 종류의 설탕을 뿌리는가?
4. 한 큰술 필요한 것은 무엇인가?

교육, 교육, 교육

논리

교육은 빅토리아 시대에 와서 매우 중요해졌다. 1860년까지 5~15세 런던 어린이들의 절반이 학교에 다녔다. 1880년에는 5~10세 어린이의 교육이 의무화되었다. 메리, 제인, 앨리스(순서 무관하게 7, 8, 9세) 세 명의 소녀가 학교로 걸어가며 자기들이 좋아하는 하디 선생님, 스미스 선생님, 존슨 선생님에 대해 이야기하고 있었다. 아래 단서를 보고 각 어린이가 어떤 선생님을 좋아하는지 그리고 어린이들의 나이가 어떻게 되는지 알아내보자. 풀이 과정을 메모하지 말고 아래 표에 바로 답을 써보자.

하디 선생님은 메리가 좋아하는 선생님이 아니었고, 세 명의 소녀 중 가장 나이가 어린 소녀가 좋아하는 선생님이었다. 앨리스가 좋아하는 선생님은 존슨 선생님이었다. 메리는 나이가 가장 많은 어린이가 아니었다.

이름	좋아하는 선생님	나이
메리		
제인		
앨리스		

증기선 밖으로

문제 해결

포그는 콜카타에서 홍콩으로 갈 때 랑군이라는 증기선에 탑승한다. 그때 픽스 형사가 포그와 파스파르투를 발견하고 체포하는데, 포그를 런던에서 은행을 털었던 범죄자로 오인했기 때문이다.

아래의 그리드에서 '랑군RANGOON'이라는 단어를 최대한 빨리 찾아보자. 한 개만 있으며, 수평·수직 또는 대각선으로 놓여 있고 앞으로 혹은 뒤로 읽을 수 있다.

N	O	N	O	G	G	O	R	O	R	A	N
R	R	O	O	O	A	N	O	A	G	A	A
R	O	N	N	R	N	N	A	O	O	R	R
G	N	N	O	G	G	O	A	R	A	N	N
N	N	O	O	O	N	N	N	R	G	N	R
O	O	R	O	O	R	G	O	N	O	A	N
O	A	O	N	G	O	A	N	N	A	R	O
N	G	N	N	G	N	N	N	O	O	G	O
G	N	R	G	O	O	A	O	N	A	O	A
N	N	N	A	R	G	O	R	O	A	R	R
N	G	O	N	O	R	O	R	N	N	G	O
O	N	N	N	O	O	O	N	O	R	A	G

좋아하는 스포츠

논리

스포츠 팬인 다섯 명의 친구는 1896년에 열린 최초의 근대 올림픽에 대한 글을 읽는 것을 좋아했다. 제공된 단서를 이용하여 각 친구의 키, 나이 및 좋아하는 스포츠를 파악해보자.

	수영	테니스	역도	펜싱	사이클	5 ft. 3 in.	5 ft. 5 in.	5 ft. 7 in.	5 ft. 9 in.	5 ft. 11 in.	16	17	18	19	20
베아트리체															
로나															
노베르트															
올리브															
폴															
16															
17															
18															
19															
20															
5 ft. 3 in.															
5 ft. 5 in.															
5 ft. 7 in.															
5 ft. 9 in.															
5 ft. 11 in.															

역도 팬은 19세다. 올리브는 사이클을 좋아한다.

가장 키가 큰 친구는 펜싱 팬이다. 폴이 아니다
로나는 5피트(ft.) 5인치(in.)다. 폴은 다섯 명 중 나이가 가장 어리다.

18세인 친구는 5피트 11인치가 아니다. 다섯 명 중 가장 키가 작은 친구는 두 번째로 나이가 많다.
수영 팬은 17세이다. 다섯 명 중 나이가 가장 어린 친구는 5피트 7인치가 아니고, 베아트리체는 펜싱 팬이 아니다.

이름	좋아하는 스포츠	키	나이
베아트리체			
로나			
노베르트			
올리브			
폴			

왕관의 보석

인지

《80일간의 세계 일주》가 출판된 지 몇 년이 지난 1876년, 빅토리아는 대영 제국의 여왕 외에 인도의 여제라는 직함을 얻게 되었다.
아름다운 두 개의 왕관을 자세히 살펴보자. 여섯 가지 차이점을 찾을 수 있겠는가?

연쇄점

문제 해결

포그는 파스파르투에게 여러 가지 물건을 사 오도록 했다. 파스파르투가 방문한 첫 번째 가게는 집에서 북쪽으로 1마일 떨어져 있고, 두 번째 가게는 첫 번째 가게에서 동쪽으로 3마일, 세 번째 가게는 두 번째 가게에서 남쪽으로 3마일, 네 번째 가게는 세 번째 가게에서 서쪽으로 1마일, 다섯 번째 가게는 네 번째 가게에서 북쪽으로 2마일 떨어져 있었다. 파스파르투가 집으로 돌아가려면 어느 방향으로 몇 마일을 걸어야 하는가?

그림 그리기

수학

이사벨은 손녀 노라에게 줄 붓을 사려 하고 있다. 노라는 예술과 그림 그리기를 사랑하는 게 분명하지만 붓에 물감을 묻혀 무섭도록 빠르게 색칠하는 것을 보면 열정이 지나치게 앞선 면도 있었다.

이사벨은 화방에서 여러 제조사가 만든 갖가지 붓 상자를 살펴보았다. 이사벨은 최대한 절약하기 위해 어떤 붓 상자의 단가가 가장 저렴한지 머릿속으로 계산하려고 한다.

진열대에 적힌 가격이다.

붓 8개들이 한 상자: 1페니
붓 12개들이 한 상자: 2½페니
붓 24개들이 한 상자: 4페니
붓 16개들이 한 상자: 3페니

이사벨과 같이 암산해보자. 가성비가 가장 좋은 붓 상자는 어느 것인가?

여러 일터

논리

빅토리아 여왕이 처음 왕위에 올랐을 때 많은 어린이가 학교 대신 공장, 광산, 그 외 여러 일터로 나서야 했다. 존스 부부에게는 세 자녀가 있었는데, 나이는 11세, 13세, 15세이고 이름은 어니스트, 알버트, 존이다. 이 세 아이는 구두닦이, 심부름 소년, 굴뚝 청소부 등 다양한 일을 했다. 아래의 정보를 이용해 각 자녀의 일과 나이를 알아낼 수 있는가? 풀이 과정을 메모하지 말고 표에 바로 답을 써보자.

막내는 구두닦이다. 맏이 어니스트는 자기 일보다 동생 존이 하는 심부름 소년 일을 더 선호한다.

이름	직업	나이
알버트		
어니스트		
존		

그 배는 아니야

인지

필리어스 포그는 항구에 도착했을 때 승선해야 할 배의 스케치 그림을 받았다. 그러나 항구에는 비슷한 배가 여러 척 있었다. A~F 중 포그가 타야 할 배는 어느 것일까?

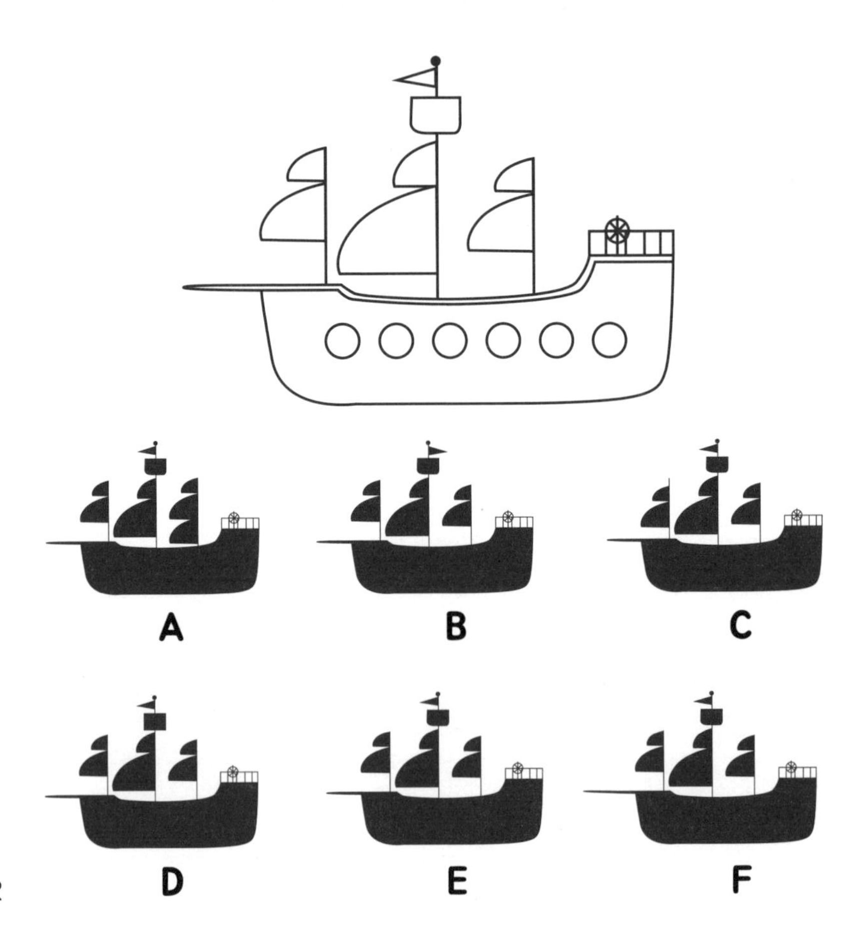

마법의 연도

수학

아래 정사각형에서 각 행, 열 및 두 개의 큰 대각선에 있는 숫자의 합이 각각 94가 되게 숫자를 써넣어보자. 16부터 31 사이의 숫자가 모두 한 번씩 들어간다. 진한 색 사각형 두 개에 나타나는 연도의 의미는 무엇일까?

21		24	27
26		19	20
30			

한 밤의 배처럼

문제 해결

포그와 파스파르투는 자신들이 탈 배인 카르나틱 호를 애타게 찾고 있었다. 그전에 포그는 항구에 있는 모든 배와 그 위치가 표시된 지도를 받았었다. 포그는 평소 무척 꼼꼼한 사람인데 그날따라 지도를 어디에 두었는지 찾을 수 없었다. 날이 어두워지자 바다에서는 아무것도 알아볼 수 없었다.

포그가 받았던 지도를 옆 차트에서 재현하고, 카르나틱 호를 식별해보자. 가장 큰 카르나틱 호를 비롯하여 크기가 다양한 배 열 척의 위치를 표시해보자. 오른쪽 그림과 같이 가장 큰 한 척의 배는 네 개의 연속된 정사각형을 차지하고, 그다음 두 척의 배는 각각 세 개의 연속된 정사각형, 세 척의 배는 각각 두 개의 정사각형, 네 척의 배는 각각 한 개의 정사각형을 차지한다. 그리드 가장자리의 숫자는 각 행과 열에 있는 배 조각의 개수다. 배는 대각선을 포함해 사방이 물로 둘러싸여 있다. 시작에 도움이 되도록 배 조각의 일부를 배치해두었다.

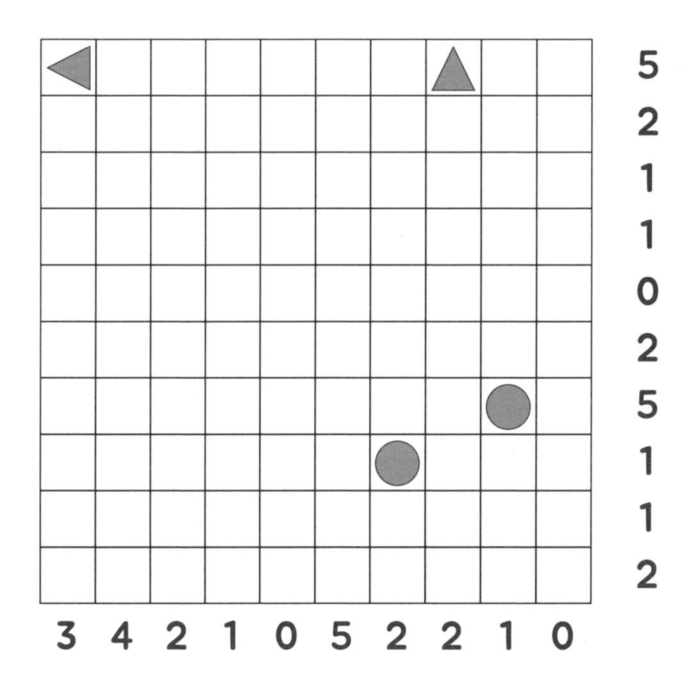
5
2
1
1
0
2
5
1
1
2
3 4 2 1 0 5 2 2 1 0

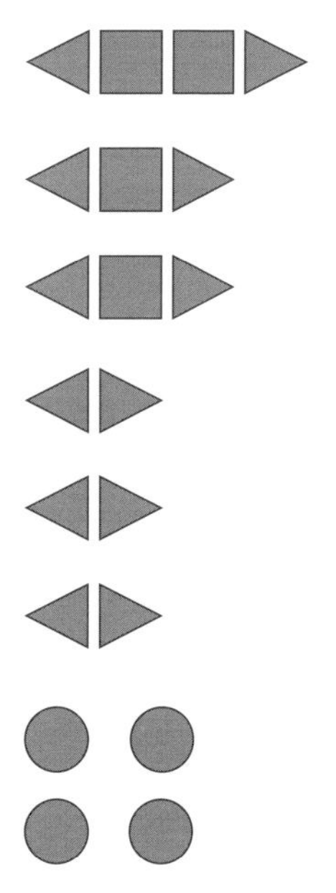

방 번호

문제 해결

픽스는 랑군 호에서 포그를 찾으려고 사람들에게 혹시 그를 본 적 있느냐고 묻고 다닌다. 오묘한 기운을 풍기는 한 신사가 말하기를 어떤 사람이 방 번호가 세 자리인 선실로 달려가는 것을 보았다며 픽스에게 방 번호에 관한 몇 가지 단서를 준다. 신사가 말하는 숫자를 맞혀 픽스를 도와보자.

짝수이고, 세 자리 모두 다른 숫자다.
가운데 숫자는 다른 숫자들보다 크다.
세 자리 숫자의 합은 16이다.
1 차이가 나는 연속된 숫자 한 쌍이 있다.

제너럴그랜트 호

기억력

《80일간의 세계 일주》에서 발췌한 아래의 단락을 집중하여 읽어보자. 요코하마에서 샌프란시스코로 가는 증기선인 제너럴그랜트 호를 묘사하는 부분이다. 지문을 다시 보지 말고 기억을 되살려 질문에 답해보자.

요코하마에서 샌프란시스코로 가는 증기선은 '태평양 우편 해운 회사' 소속인 제너럴그랜트 호였다. 2,500톤에 달하는 대형 외륜선으로 좋은 설비를 갖추고 속도도 빨랐다. 거대한 지렛대가 갑판 위에서 오르락내리락했다. 한쪽 끝은 피스톤 축과 연결되었고, 다른 끝은 크랭크축과 연결되었다. 크랭크축은 외륜의 축과 직접 연결되어 직선 운동을 회전 운동으로 바꾸는 역할을 했다. 제너럴그랜트 호는 돛대가 세 개나 달려 있고 돛의 표면적이 넓어 증기기관에 강력한 힘을 실어주었다. 시속 12마일로 항해하니 늦어도 21일 이내에 태평양을 횡단할 수 있었다. 따라서 12월 2일이면 샌프란시스코에 도착하고, 12월 11일에는 뉴욕에, 12월 20일에는 런던에 도착할 수 있을 거라고 생각했다. 그렇게 되면 운명의 날인 12월 21일까지 몇 시간 여유가 있을 것이었다.

질문

1) 제너럴그랜트 호는 어느 소속인가?
2) 증기선의 무게는 몇 톤인가?
3) 제너럴그랜트 호에는 돛대가 몇 개 달렸는가?
4) 증기선이 시속 12마일로 바다를 건너려면 며칠이 걸리는가?

숫자 속 안전

문제 해결

빅토리아 시대는 자전거가 초기 실험 모델에서 현대적인 모델로 옮겨가는 과도기였는데, 디자인이 다양해지면서 발전을 거듭했다. 페달 자전거는 1839년에 발명되었다. 페니파딩(앞바퀴가 크고 뒷바퀴가 작은 초창기의 자전거)을 대체하는 모든 자전거를 뜻하는 '안전 자전거'가 등장했다. 멈출 때 발을 땅에 디딜 수 있어서 훨씬 더 안전했다!

오른쪽의 숫자들을 그리드에서 찾아보자. 숫자는 수평, 수직 또는 대각선으로 놓여 있고 앞으로 혹은 뒤로 읽을 수 있다. 숫자를 모두 찾은 후 그리드에 남겨진 숫자를 보자. 존 켐프 스타리가 최초의 안전 자전거 '로버'를 생산한 연도다.

1828
7565
8842
9150
12314
14671
32338
234576
234876
237266
525677
573621
977532
978976
1231216
1231283
1231765
1234572
2342865
2342876
7868678
8653421
23482765
23762582
123476154
876423756
72387462875

8	5	3	2	3	3	8	4	1	3	2	1
2	7	6	5	3	8	6	5	3	4	2	1
8	7	6	7	6	4	2	1	1	1	6	2
7	2	5	8	2	5	5	6	8	2	7	6
6	1	3	4	6	8	7	7	5	3	9	3
4	8	1	7	3	8	4	4	6	1	8	7
2	2	7	2	6	2	7	3	8	2	7	5
3	8	2	1	3	2	1	2	2	1	9	9
7	8	8	4	2	1	5	1	4	6	7	1
5	7	8	2	6	4	7	8	3	2	7	5
6	7	2	3	7	2	6	6	2	8	5	0
6	7	8	2	4	3	2	3	5	7	7	9

케이크 한 조각

수학

준과 베시 자매는 남편과 자녀 그리고 사랑하는 이들을 위해 케이크 굽길 좋아했다. 베이킹에는 치유의 힘이 있다는 것을 알게 되었고, 또한 케이크를 받은 사람에게서 보게 되는 감사의 기운에 같이 행복해졌다. 베시는 레몬 드리즐 케이크를 잘 만들었고, 준은 진한 초콜릿 케이크가 특기였다. 자매는 베이킹을 얼마나 했는지 일지에 기록해왔는데, 베이킹을 특별히 많이 한 것 같던 어느 연말에 그동안의 기록을 보니 두 가지 케이크를 91개나 구웠다는 것을 알고 놀랐다. 레몬 드리즐 케이크가 초콜릿 케이크보다 29개 더 많았다. 두 종류의 케이크를 몇 개씩 구웠을까?

스피드 체스

수학

개혁 클럽에서 스피드 체스 토너먼트가 열렸다. 프로 선수들은 만만치 않은 상대방을 매우 빠른 속도록 제압해 나아갔다. 3명의 그랜드마스터가 3분 안에 3명의 상대를 이길 수 있다고 가정할 때, 30분 안에 30명의 상대를 이기려면 몇 명의 그랜드마스터가 필요할까?

공장의 작업 현장

수학

빅토리아 시대에는 많은 도시가 급속한 발전을 이루었는데, 런던 또한 매우 빠르게 성장하는 도시였다. 산업화가 진행될수록 공장에서 일하는 사람들이 많아졌다. 테렌스는 전 세계 27개국에 건설된 공장 수를 조사했고, 각 나라가 지은 공장의 수를 네모 칸에 적었다. 산업화 초기 단계에 있는 나라인지 아니면 발전이 진행된 나라인지에 따라 공장 수가 크게 달랐다.

그는 간단한 규칙에 따라 네모 칸들을 다음과 같은 피라미드 구조로 배열할 수 있음을 발견했다. 피라미드 구성 원리를 파악하여 빈 칸을 완성해보자. 그리고 27개국에 건설된 공장 수의 총합을 추론해보자.

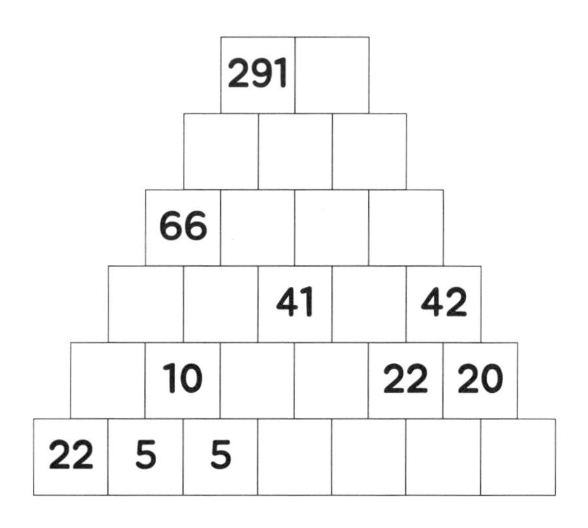

해마다

수학

아래 나열된 연도를 자세히 보자.

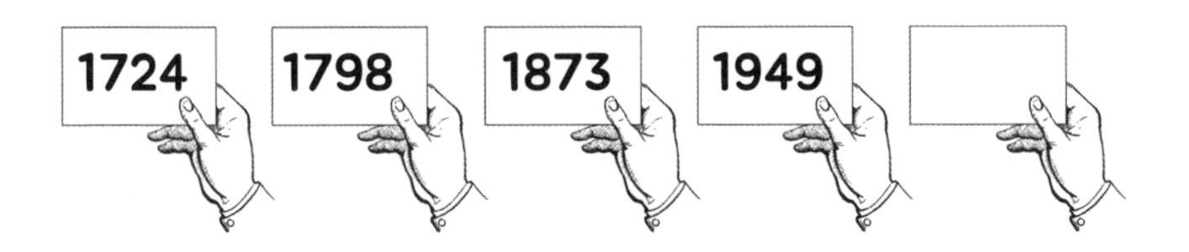

이 연도 중 하나는《80일간의 세계 일주》가 출판된 해다. 다음 순서는 몇 년도일까?

코코아에 든 파리

수평적 사고

파스파르투는 포그에게 이전 하인 제임스 포스터를 해고한 정확한 이유가 무엇이었는지 물었다. 단지 평소보다 2도 낮은 면도용 물을 가져왔기 때문일까? 포그는 포스터가 의심쩍어진 몇 가지 사건이 있었다고 대답했다. 그 중 하나는 코코아에 든 파리 사건이었다.

어느 겨울 저녁 포그가 뜨거운 코코아 한 잔을 요청했고 포스터는 제대로 잘 갖다주었다. 그런데 몇 모금 마시고 나니 그 속에 파리 한 마리가 떠 있는 것이 보였다. 그는 포스터를 불러 새로운 코코아를 갖다달라고 했다. 1~2분 후에 포스터가 돌아왔고 포그는 새로운 코코아를 마시기 시작했다. 몇 초 후에 그는 포스터가 단지 이전 컵에서 파리를 꺼냈을 뿐, 지시한 대로 새로운 코코아를 만들어 온 게 아님을 알았다. 포그가 앉아 있는 의자에서는 부엌이 보이지 않았는데, 어떻게 새 코코아가 아닌 이전 코코아라고 확신할 수 있었을까?

수도 퍼즐

문제 해결

여행 막바지에 포그, 파스파르투, 아우다, 픽스는 더블린에 도착한다. 그곳에서 그들은 리버풀로 가는 여객선을 탄다. 아래 그리드에는 '더블린 DUBLIN'이 몇 번 나올까? 수평, 수직 또는 대각선으로 놓여 있고 앞으로 혹은 뒤로 읽을 수 있다.

I	L	I	N	L	L	U	I	L	N	N
U	U	D	I	U	L	D	I	N	L	N
N	L	U	L	I	D	U	N	L	I	N
N	I	I	B	D	U	B	D	D	N	I
N	N	N	U	D	B	L	U	L	I	N
I	I	I	D	N	L	I	B	L	U	N
L	L	L	I	N	I	N	L	U	B	D
B	B	B	B	U	N	I	I	U	U	D
U	U	U	L	U	B	B	N	I	U	D
D	D	D	I	N	D	L	I	N	D	L
D	U	B	L	I	N	D	D	I	N	L

일요 예배

수학

모리스 가족은 빅토리아 시대의 여느 가족처럼 매주 일요일마다 충실히 교회에 갔다. 그러나 목사는 요점도 없이 길고 횡설수설한 설교를 하는 것으로 교구 전체에서 악명이 높았다. 어느 일요일 예배는 총 1시간 30분 동안 진행되었다. 설교가 전체 예배의 30퍼센트를 차지했다면 나머지 예배는 얼마동안 진행되었을까?

시간은 금이다

창의력

《80일간의 세계 일주》의 묘미 중 하나는 포그와 그의 여행 동료들이 80일 이내에 세계를 한 바퀴 돌기 위해 벌이는 시간과의 사투다.
그러므로 포그는 여정마다 소요되는 시간을 깐깐하게 측정하고 기록해야 했다. 시간을 확인하는 방법은 손목시계 착용하기 같은 평범한 방법 외에 몇 가지나 될까? 최대한 창의적으로 많은 방법을 생각해보자.

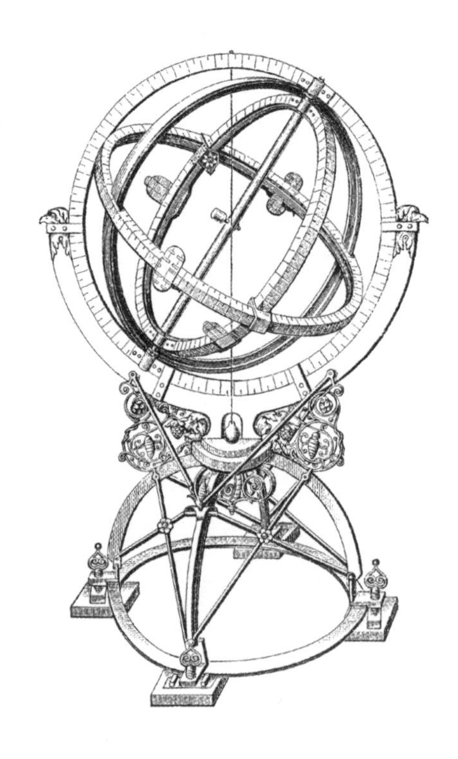

빅토리아 시대 작가들

문제 해결

아래 그리드에서 빅토리아 시대의 유명 작가 12명을 찾을 수 있는가? 일반적인 단어 찾기와 달리 인접 정사각형을 따라 수평 또는 수직으로 이리저리 이동하며 찾아야 한다. 예를 들어 '브론테BRONTE'는 처음 세 행에서 앞에 있는 두 글자만 사용하면 된다.

작가의 이름을 모두 찾은 후 그리드에 남은 글자들은《80일간의 세계 일주》에 나오는 세 명의 등장인물 이름이 될 것이다. 그 세 명은 누구일까?

B	R	O	W	T	A	R	R	A	C
N	O	I	N	H	O	O	L	L	U
T	E	N	G	A	C	K	N	D	A
S	T	E	V	E	Y	E	O	S	N
H	A	R	D	N	A	R	S	P	I
A	S	S	Y	S	O	N	Y	P	K
E	P	A	L	L	E	W	N	O	H
R	T	S	S	E	T	E	N	O	U
T	R	O	F	I	T	S	I	C	I
E	L	I	O	T	X	N	E	K	D

BRONTE
BROWNING
CARROLL
DICKENS
ELIOT
HARDY
HOPKINS
ROSSETTI
SEWELL
STEVENSON
TENNYSON
THACKERAY

교실 현장

논리

빅토리아 시대의 교사 세 명이 새 학년을 맞아 교실을 꾸미느라 바빴다. 아래의 단서를 토대로 각 교사의 교실 색상과 교직 경력을 추론해보자. 교실은 노란색·연보라색·주황색이고, 교사들은 3년·5년·7년 동안 가르쳤다. 풀이 과정을 메모하지 말고 아래 표에 바로 답을 써보자.

무어는 교직 경력이 가장 짧지 않으며 교실은 연보라색이 아니다. 주황색 교실은 교직 경력이 가장 긴 교사의 것이다. 로빈슨은 5년 동안 가르쳤지만 노란색 교실에서 가르치지 않았다.

이름	교실 색상	교직 경력
무어		
로빈슨		
쇼		

어울리지 않는 것 골라내기

수평적 사고

아래의 네 가지 항목 중 관련되지 않은 하나는 무엇이며, 그 이유는 무엇인가? 단어 자체와는 아무 상관이 없다.

연결된

문제 해결

사각형을 칠하여 나오는 빅토리아 시대의 발명품이 무엇인지 맞혀보자. 우선 1이 있는 사각형은 바로 칠한다. 1 외에 다른 숫자들은 쌍을 이루고 있다. 그 한 쌍의 숫자를 시작점과 끝점으로 삼아 그 숫자만큼의 사각형을 칠한다. 알맞은 수의 사각형을 서로 연속되게 칠해야 한다(예를 들어 한 쌍의 5를 연결할 경우, 5가 적힌 사각형 두 개를 칠하고 그 사이에 있는 사각형 세 개를 칠해서 총 다섯 개의 사각형을 연속으로 칠해야 한다). 사각형끼리 수평 또는 수직으로 이동할 수 있으며, 하나의 사각형은 하나의 경로에만 속할 수 있다.

					7				2	2	3		3	1					
		4			4			7	4			4	5				5		
		2					3					3					4		
		2																	
	3		3				3	4			4	3				1		3	
4			4	1					4	5					1	3	4		2
5				5											3		1	3	2
								3			3								
									4										
				2	2	2	2	3	1	5	3	4			4				
					4									3		3			
		2	4	1				4			4				2	2	6		
	1	2	1				4					4				1		3	
		7						3		3									
		7							2	2								3	
							4					4						6	
								4			4						4	1	
																		3	
	7		2	6					6	1	4	2	2						
	7		2	4			4	3		3			4	5	1	5	4	3	

양배추도 잘 먹어야지

수학

빅토리아 시대 때 크리스마스는 오늘날과 유사한 방식으로 기념되었다. 빅토리아 여왕은 크리스마스트리를 보고 매우 행복해했는데, 이때 트리를 만드는 풍습이 널리 퍼졌다. 크리스마스캐럴도 점점 유행하게 되었다.
스미스 가족이 그토록 기다리던 크리스마스 저녁 만찬 시간이 되었다. 가족들은 거의 모든 음식을 맛있게 잘 먹었지만, 방울다다기양배추에 대한 반응은 시큰둥했다. 식사가 끝날 때까지 양배추의 1/3밖에 먹지 않았다. 다음 날 오후에 크리스마스 만찬에서 남긴 음식을 먹었는데 양배추의 경우 남은 것의 1/4만 먹었다. 아직 24개의 양배추가 남았다면 처음에 몇 개 있었을까?

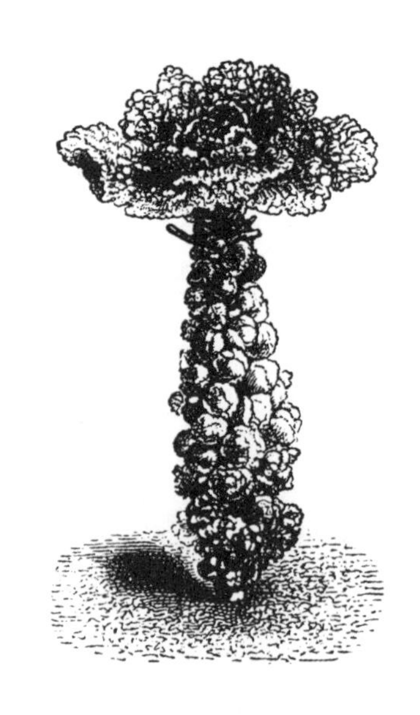

감옥으로부터의 탈출

기억력

《80일간의 세계 일주》에서 발췌한 본문을 집중하여 읽어보자. 포그는 부당하게 체포되어 감옥에 갇혔다. 본문을 다 읽고 종이로 덮은 후, 다시 보지 않고 아래 질문에 답해보자.

탈출할 생각이 있었을까? 빠져나갈 곳이 있는지 찾아보려고 했을까? 도망칠 궁리를 하고 있던 걸까? 그가 일어나서 방 안을 한 바퀴 천천히 걸어보았으니 그런 생각이 들 수도 있을 것이다. 하지만 문은 단단하게 잠겨 있었고 창문은 쇠창살로 막혀 있었다. 그는 다시 자리에 앉아 주머니에서 여행 일정표를 꺼냈다. '12월 21일 토요일, 리버풀'이라고 적힌 줄 밑에 '80일째, 오전 11시 40분'이라고 적었다. 그리고 기다렸다.
세관의 벽시계가 오후 1시를 알렸다. 포그는 자기 시계가 벽시계보다 두 시간 빠르다는 걸 알았다.
두 시간이라니! 지금이라도 급행열차를 타면 런던에 도착해서 오후 8시 45분까지 개혁 클럽에 갈 수 있다. 그의 이마가 살짝 찌푸려졌다.
2시 33분, 밖에서 요란한 소리가 들리더니 벌컥 문이 열리는 소리가 들렸다. 파스파르투의 목소리가 들렸고 이어서 픽스의 목소리도 들렸다. 순간 필리어스 포그의 눈이 반짝였다.
문이 확 열렸다. 파스파르투와 아우다와 픽스가 보였다. 픽스가 급하게 포그 쪽으로 다가왔다.

질문

1) 포그는 방 안을 몇 바퀴 천천히 걸어보았는가?
2) 포그는 여행 일정표에서 12월 21일 밑에 무엇을 추가했는가?
3) 포그는 자신의 시계가 빠르다는 것을 알았다. 몇 시간이나 빨랐는가?
4) 포그가 '밖에서 요란한 소리가 들리더니 벌컥 문이 열리는 소리'를 들은 것은 몇 시 몇 분인가?

화살 같은 시간

문제해결

포그와 그의 여행 동료들은 이 특별한 여행을 하는 동안 시간 강박증이 생겼다. 문제가 한 가지씩 발생할 때마다 그만큼 여행이 지연되어 결국 이 특별한 모험이 실패로 돌아가지 않을지 항상 의식했다.

화살표가 특징인 이 스도쿠 퍼즐을 풀어보자. 1부터 9까지의 숫자를 각 행, 열 및 굵은 선의 3 × 3 상자에 한 번씩 배치한다. 그리드 안에 화살표가 여러 개 있다. 화살표가 놓인 사각형의 숫자를 더하면 화살표의 시작 부분인 동그라미 안의 수가 된다. 하나의 화살표 안에서 같은 숫자가 반복될 수 있다. 단 각 행, 열 및 굵은 선의 3 × 3 상자 안에서 반복될 수 없다는 규칙은 지켜야 한다.

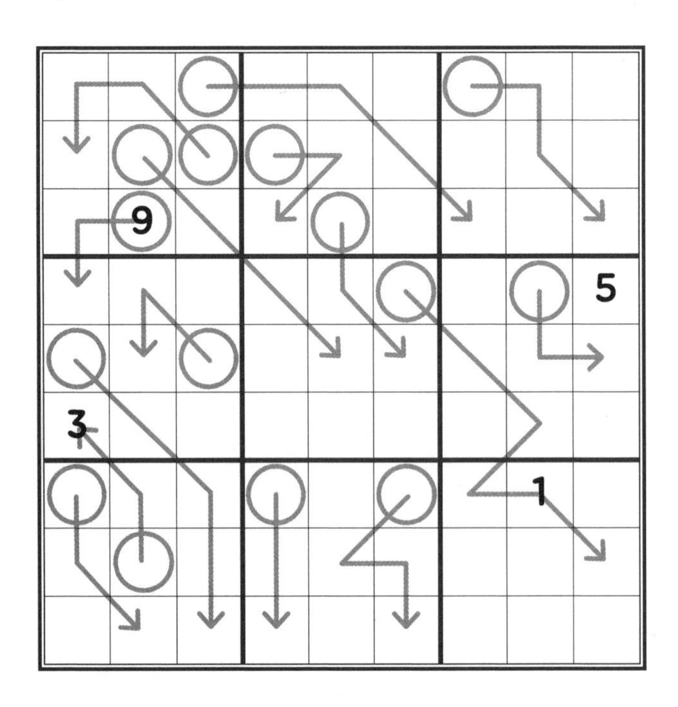

민스 파이

수평적 사고

포그는 개혁 클럽에서 휘스트 게임을 하기 전에 신문을 읽고 있었다. 그 방에는 앤드류 스튜어트, 새뮤얼 폴런틴, 토마스 플래너건, 고티에 랠프, 존 설리번이 있었다. 크리스마스를 맞이하여 개혁 클럽의 주방장은 여섯 명의 회원을 위해 민스 파이 몇 개를 구워 바구니에 담아 왔다. 여섯 명은 민스 파이를 각각 하나씩 집었다. 그런데 바구니에는 민스 파이 한 개가 아직 남아 있었다. 어떻게 이것이 가능했을까?

도시 휴가

논리

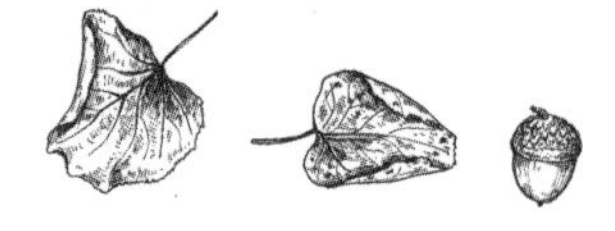

포그, 파스파르투, 아우다는 지금껏 방문한 도시들 중 어느 곳이 가장 좋았는지 이야기를 나누고 있었다. 아래의 단서를 이용해서 각 등장인물이 가장 좋아하는 도시와 방문하고 싶어 하는 계절이 언제인지 파악해보자. 도시는 샌프란시스코, 뉴욕, 요코하마이고, 계절은 가을, 겨울, 여름이다. 풀이 과정을 메모하지 말고 아래 표에 바로 답을 써보자.

포그가 좋아하는 도시는 요코하마였다. 파스파르투는 자기가 좋아하는 도시를 가을에 방문하고 싶지 않았고, 아우다는 그녀가 좋아하는 도시를 여름에 방문하고 싶었다. 그리고 좋아하는 도시가 뉴욕은 아니었다.

이름	도시	계절
아우다		
포그		
파스파르투		

보르도를 향해

문제해결

카디프 출신의 앤드류 스피디 선장은 보르도로 출발할 예정이다. 그때 포그가 보르도 대신 리버풀로 가자고 설득한다. 그러나 스피디는 “나는 보르도로 갈 예정이고, 보르도로 가야 하오”라고 말한다.
아래의 그리드에 ‘보르도BORDEAUX’의 8개 철자를 각 행, 열 및 굵은 선의 2 × 4 상자에 한 번씩 배치해보자. 퍼즐을 완성하면 색칠된 대각선 칸에도 보르도가 나타난다.

				U	X		
E						A	B
	E	R				B	
U							
							D
	R				A	X	
O	D						E
		E	B				

달콤한 추억

수학

어느 기념일, 포그와 아우다는 전 세계를 여행한 놀라운 여정과 그들이 처음 만났을 때 어려웠던 상황 등을 이야기하며 추억에 잠겼다. 이 회상을 한 것이 몇 번째 결혼기념일이었는지 계산해보자. 기념일 숫자에서 10을 빼고, 그 숫자를 두 배로 늘린 다음, 거기에 기념일 숫자의 $\frac{1}{4}$을 더하면 몇 번째 기념일인지 나올 것이다.

전화 통화

인지

1876년 벨과 왓슨이 최초의 전화기를 발명했다. 이후 전화기는 통신수단의 혁신을 가져왔다.

10대의 전화기 더미의 맨 밑에 깔린 전화기가 울리고 있다. 어떤 전화기일까?

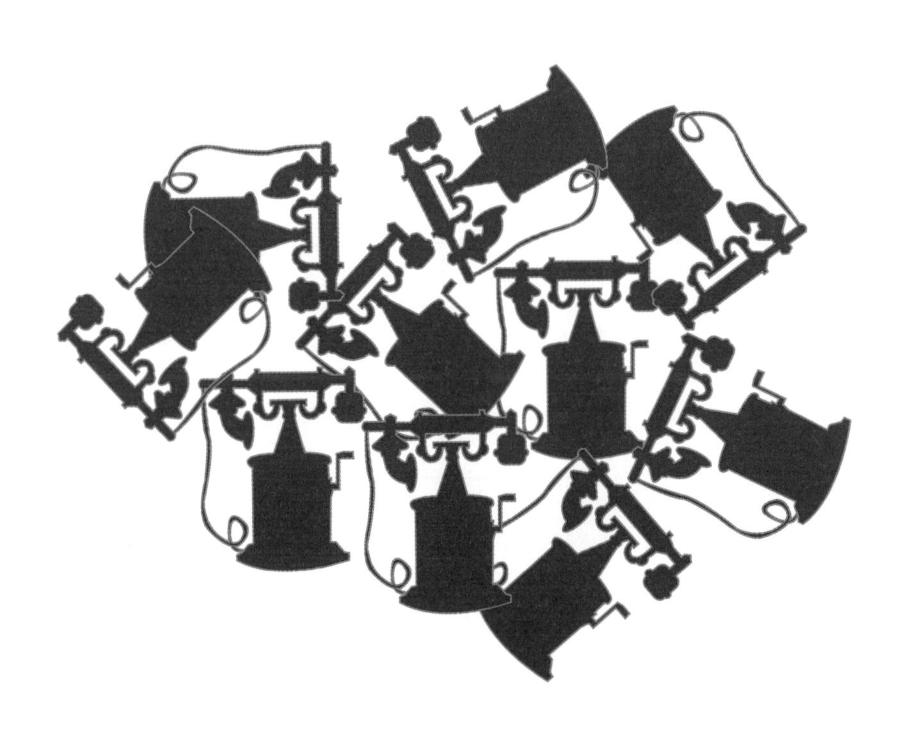

맞춰봐!

문제 해결

픽스 형사는 필리어스 포그의 뒤를 밟고 있었다. 거리에서 우연히 마주친 어떤 남자는 퍼즐에 완전히 몰두해서 픽스가 다가오는 것도 몰랐다.

그 퍼즐의 구성품은 비교적 간단했다. 36개의 정사각형 칸으로 나뉜 나무판 하나와 네 개의 숫자가 적힌 2 × 2 타일 아홉 개가 있었다. 퍼즐의 목표는 숫자 1~6이 각 행, 열 및 굵은 선의 2 × 3 직사각형에 한 번씩만 나타나도록 아홉 개의 타일을 나무판에 배치하는 것이었다.

아홉 개의 타일을 각각 어느 곳에 끼워야 퍼즐을 풀 수 있을까? 시작에 도움이 되도록 첫 번째 숫자와 마지막 숫자를 미리 배치했다. 타일을 회전시킬 수는 없다.

2					
					6

1	2
5	4

4	2
1	5

6	4
3	1

3	1
4	6

6	5
3	2

4	1
1	4

6	5
2	3

5	3
2	6

2	3
5	6

봄날의 세안

수평적 사고

바람이 거센 어느 봄날, 포그와 파스파르투는 약속 장소를 향해 집을 떠났다. 그들이 걷기 시작하자마자 우연히 돌풍이 일어 거리의 흙이 얼굴로 날아들었다. 바람이 잠잠해지면서 파스파르투는 포그의 얼굴을 볼 수 있었는데 흙투성이였다. 포그도 파스파투트의 얼굴을 보았는데 말끔했다. 그들은 계속 걸어갔다. 그런데 이상한 일이 벌어졌다. 얼굴이 완전히 깨끗한 파스파르투가 집으로 달려가 세수를 했다. 왜 그랬을까?

등장인물 암호

수평적 사고

《80일간의 세계 일주》 속 등장인물이 숫자 값과 함께 오른쪽에 정렬되어 있다. 각 이름 옆의 숫자가 어떻게 나왔는지 원리를 알아내어 마지막 이름 옆 물음표에 올 값을 계산해보자.

AOUDA = 500

FIX = 11

FALLENTIN = 101

PASSEPARTOUT = 0

STRAND = ?

장이라 불러주세요

문제 해결

필리어스 포그는 제임스 포스터를 해고한 즉시 장 파스파르투라는 후임자를 채용했다.

"프랑스인이라 했고, 이름이 존인가?"

필리어스 포그가 묻자 그가 "장이라고 합니다"라고 대답했다.

왼쪽 상단 칸에서 오른쪽 하단 칸까지 '장JEAN'이라는 이름을 이어갈 수 있는가? J-E-A-N을 순서대로 찾고 다시 'J'로 돌아가 총 9개의 '장JEAN'을 연속으로 찾아 잇는다. 한 칸에서 다른 칸으로 수평, 수직 또는 대각선으로 이동할 수 있으며, 각 칸을 정확히 한 번만 지날 수 있다.

J	E	J	N	J	E
E	A	A	N	E	A
E	N	E	A	J	N
A	J	J	A	N	J
N	J	N	J	A	E
E	A	N	E	A	N

절도죄

수학

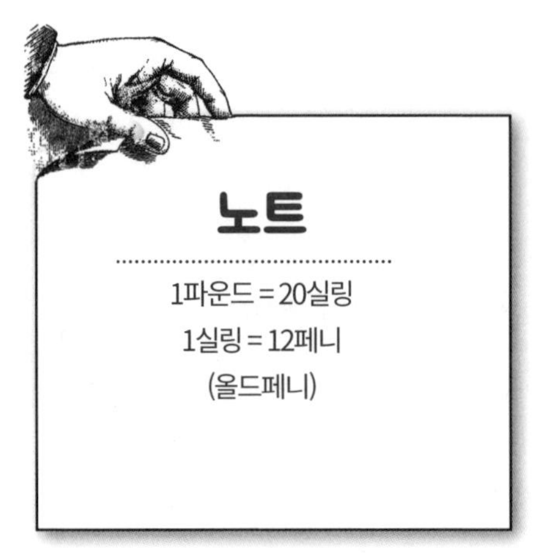

《80일간의 세계 일주》에서 영국은행이 5만 5,000파운드를 도난당했는데, 픽스 형사는 필리어스 포그가 범인이라고 오인하고 있다.
다음 질문에 대한 답을 머릿속이나 종이에 계산해보자. 단, 계산기는 사용하지 않는다.

질문

a) 5만 5,000파운드는 몇 실링인가?

b) 5만 5,000파운드는 몇 페니인가?

창밖으로의 추락

수평적 사고

픽스는 미국에서 마천루를 보고 연신 감탄을 쏟아냈다. 휴일에는 뉴욕의 한 대형 호텔에 묵었다. 그의 방은 10층이었고, 아침에 방에서 나가려는데 직원이 청소하러 들어왔다. 그는 별다른 생각 없이 아침 볼일을 보러 나가려는데, 높은 곳에서 무언가 떨어질 때 나는 쿵 소리 때문에 발걸음을 멈추었다. 돌아보니 호텔의 창문 밖으로 직원이 떨어져 있었다. 아마도 청소하다가 떨어진 것 같았다. 그 큰 소리에 비해 그녀의 상태는 기적처럼 괜찮았다. 어떻게 이런 일이 가능했을까?

시간 여행

수평적 사고

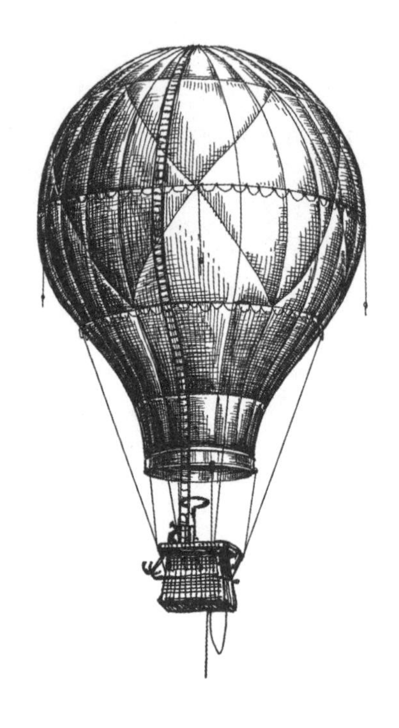

포그는 하루 늦었기 때문에 내기에서 진 것으로 알고 집에 도착했다. 그는 매우 정확하고 꼼꼼하게 기록하는 사람이었다. 그런데 어떻게 그처럼 중대한 실수를 저질렀을까?

런던에 도착했을 때는 12월 20일 금요일 그러니까 출발한 지 79일째 되는 날이었는데, 어떻게 12월 21일 토요일 저녁이라고 생각한 걸까?

아우다, 당신께 감사하오

인지

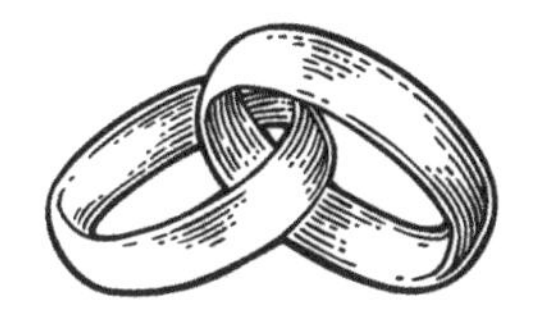

필리어스 포그는 여행 중 지출이 너무 커서 80일 안에 여행을 끝내도 큰 이득이 없었다. 하지만 그를 이 세상에서 가장 행복한 남자로 만들어준 아리따운 아내, 아우다를 만났다. 쥘 베른은 이 소설을 다음의 말로 끝맺는다.
'사실 우리는 이보다 더 하찮은 이유라 해도 세계 일주를 하지 않을까?'
아우다를 얼마나 사랑하고 얼마나 자주 생각하는지 보여주고 싶어 포그는 그녀의 이름으로 가득 찬 하트 모양을 만들었다.
아래 그리드에서 '아우다AOUDA'라는 단어를 찾아보자. 한 개만 있고, 수평, 수직 또는 대각선으로 놓여 있고 앞으로 혹은 뒤로 읽을 수 있다.

```
  A O O O D       D A D O O
A A A D A D D   A A U A A U D
O O U D U A D O A O O D A D A
D U U D A D A U D D O A O A U
A A D D A O O A O O U D A U U
U D A A O A U A U A U A D A O
A U A D O A A O A A D O O A U
D A A A O O D O A O A U D A O
  A O U U O U A O A D O O O
    D O A D U A U O D D A
    D A A U D U A A A A
        D O U U U A D
          A A O D A
            U U A
```

초콜릿 픽스

문제 해결

초콜릿 애호가인 픽스 형사는 손에 든 커다란 초콜릿 바를 포그, 파스파르투, 아우다와 나눠 먹기로 했다. 그런데 나눠 먹겠다는 마음이 들기 이전에 이미 몇 조각을 떼어 먹어서 초콜릿이 요상한 모양으로 되어버렸다. 그는 네 명에게 동일한 양의 초콜릿이 가도록 공평하게 나누고 싶다. 아래 초콜릿을 같은 개수의 조각을 가진 네 덩어리로 나눠보자. 회전시켜도 된다.

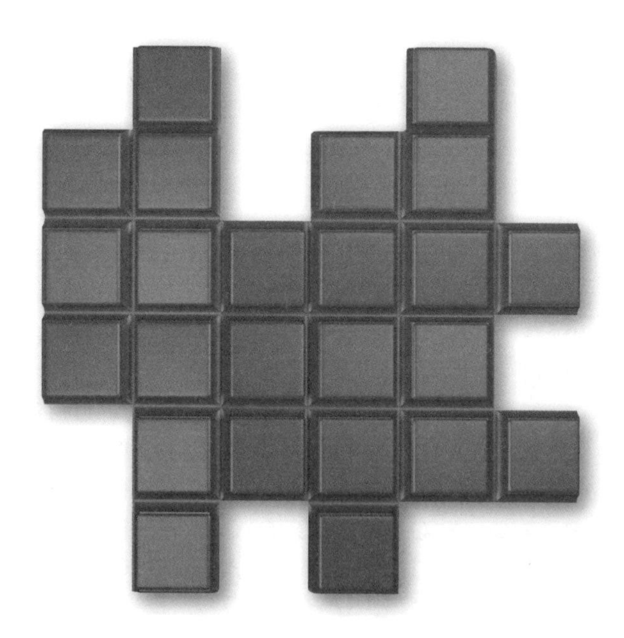

단순하게 계속되는 일

문제 해결

어느 비오는 오후 아브라함과 이삭은 가정교사 에클레스 선생님과 함께 일반 상식 테스트를 하고 있었다. 선생님은 "A, C, D, E, N, P, S, T의 여덟 글자로 시작하는 가능한 한 많은 동물의 이름을 말해보자"라고 했다.
"A로 시작하는 동물의 이름을 말하고, 다음은 C로 시작하는 동물의 이름을 말하는 순서로 가는 거야. 마지막 T로 시작하는 동물의 이름을 말하면 다시 A로 돌아가는 거란다. 할 수 있을 때까지 계속 말해보자."
에클레스는 아이들에게 활동을 시키고 잠시 차 한 잔을 가지러 갔다. 다시 돌아왔을 때 아브라함과 이삭은 모두 합해서 150마리의 동물 이름을 말했다고 했다. 그러고는 "에클레스 선생님, 우리가 말한 150번째 동물 이름은 어떤 알파벳으로 시작했을까요?"라는 질문을 던졌다. 선생님은 뭐라고 답했을까?

선상 조명

수평적 사고

폭풍우가 몰아치는 어느 날 밤에 픽스 형사는 범선 갑판으로 나가 회상에 잠겼다. 포그를 뒤쫓으며 전 세계를 돌아다닌 날들이 떠올랐다. 그러다 문득 돛대를 비추고 있는 배 위의 불빛을 보았다. 생각해보니 배에는 조명이 하나도 없고 깊은 밤이었으므로 완전히 어두워야 했다. 픽스가 보고 있던 빛은 어디에서 온 것일까?

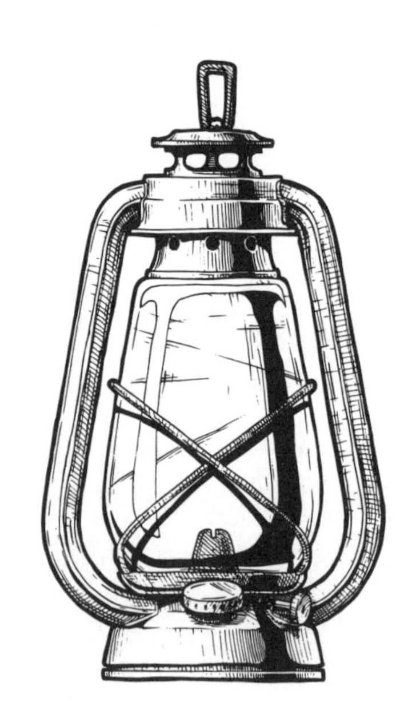

브론테 일가

인지

브론테 일가는 빅토리아 시대 영국의 저명한 문학 가문이었다. 샬롯은《제인 에어》로 유명하며, 여동생 에밀리는《폭풍의 언덕》을, 앤은《아그네스 그레이》를 썼다. 아래의 그리드에서 '브론테BRONTE'라는 단어를 최대한 빨리 찾아보자. 오른쪽과 같이 3 × 2 직사각형 상자 안에 들어간 브론테를 한 번 찾으면 된다.

B	R	O
N	T	E

O	B	O	T	T	T	O	N	N	B	N	R	N	N	T
B	O	O	T	T	R	N	O	O	O	N	R	O	B	B
N	R	E	N	R	R	T	N	N	N	O	O	E	O	T
T	N	R	T	T	E	T	E	E	B	E	R	B	B	T
E	T	N	T	N	E	T	O	N	E	O	R	N	O	E
O	E	O	E	R	B	B	E	O	N	T	O	T	T	R
E	N	E	T	O	T	R	T	N	B	N	T	O	T	E
T	O	R	T	T	N	E	O	R	R	R	N	E	N	R
T	R	R	E	O	N	E	E	B	E	N	B	O	T	N
E	O	O	R	E	T	R	T	E	N	O	T	B	T	T
R	B	R	O	B	B	R	O	B	N	T	T	N	E	N
B	N	T	E	T	O	N	T	T	B	N	N	R	O	R
R	T	O	R	O	N	T	T	O	T	E	B	T	O	R
R	T	T	N	E	R	N	T	E	E	O	O	T	N	R
T	R	T	T	R	N	B	R	E	E	O	E	R	O	T

이름 게임

문제 해결

포그, 장(파스파르투), 아우다, 픽스는 홍콩에 있는 동안 증기선이 출발할 때까지 퍼즐 빨리 풀기를 하며 시간을 보내기로 했다. 네 명의 이름에 각각 어떤 수가 부여되어 있다. 그 값이 얼마인지 얼마나 빨리 추론할 수 있겠는가? 각 값은 1~10 사이의 자연수이며, 그리드 가장자리의 숫자는 각 행 또는 열에 있는 이름값의 합계를 나타낸다.

FOGG	AOUDA	JEAN	AOUDA	19
JEAN	FIX	FOGG	FOGG	31
FIX	JEAN	AOUDA	FIX	19
FIX	FIX	FIX	AOUDA	20
27	19	23	20	

탈출

수평적 사고

픽스 형사는 필리어스 포그가 범인이라고 확신했기 때문에, 리버풀 부두에 도착한 후 그를 체포하고 감옥에 가두었다. 포그가 내기에서 이기려면 런던에 정해진 시간까지 도착해야 하는데 그 시간이 얼마 남지 않았다. 최대한 빨리 감옥에서 탈출해야 하지만 탈출 가능성은 희박해 보였다. 감옥의 벽과 천장은 두꺼운 콘크리트였고, 하나 있는 문은 잠긴 데다 열쇠가 없었으니 탈출은 불가능해 보였다. 그럼에도 그는 아주 쉽게 감옥을 빠져나갈 수 있었다. 어떻게 이런 일이 가능했을까?

포춘 쿠키

수평적 사고

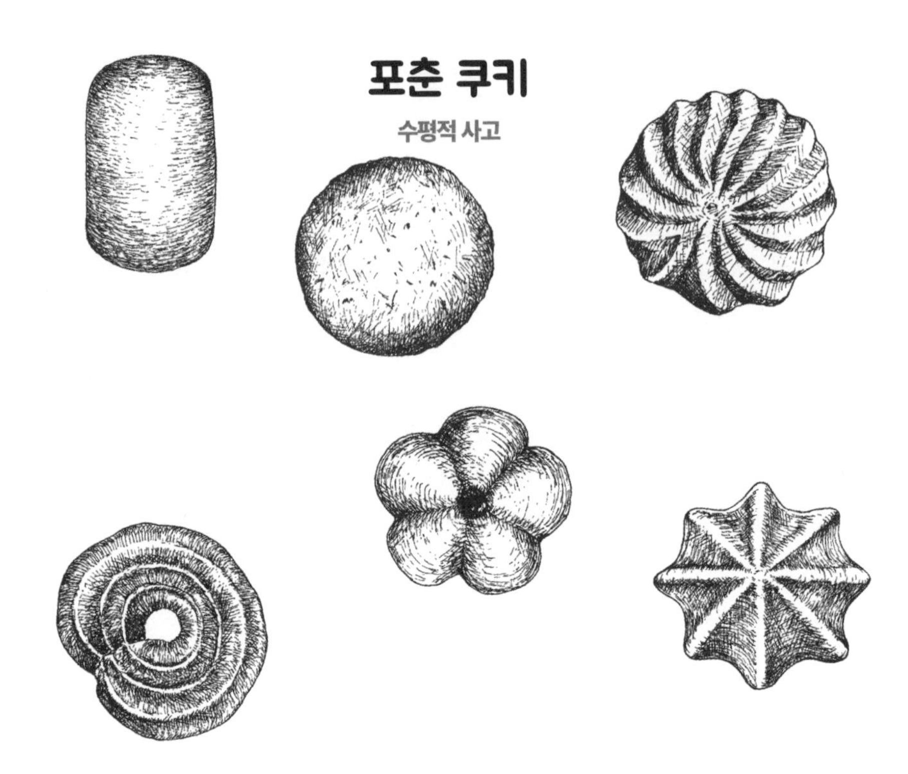

점술가 플로렌스는 빅토리아 시대 때 유명인사였다. 그녀는 화려한 의상과 상대방의 영혼을 꿰뚫어 볼 것 같은 날카로운 푸른 눈으로 사람들의 시선을 끌어모았다. 또한 비스킷을 맛있게 구워내는 재주도 있었다. 일부 냉소적인 사람은 그녀를 비꼬기도 했는데, 이유는 그녀의 신비한 능력을 보고 찾는 사람도 있지만 비스킷을 맛보러 오는 경우도 있다는 것이었다.

폭로 기질이 약간 있는 버트람이라는 사람이 플로렌스의 능력을 시험해보기로 결심했다. 그녀의 실체를 파헤치려고 1월 3일, 그다음 3월 3일 그리고 5월 6일, 7월 9일, 9월 15일 등 연중 수차례에 걸쳐 그녀를 방문했다. 그는 플로렌스에게 그 신비한 능력으로 다음 방문 날짜를 예측해보라고 했다. 그녀는 몇 월 며칠이라고 답했을까?

새로운 챕터

기억력

아래《80일간의 세계 일주》의 첫 단락을 자세히 읽은 후, 다시 보지 않고 아래 질문에 답해보자.

> 벌링턴 가든스의 새빌로 7번지는 1814년 셰리던이 생을 마감한 집으로, 1872년 필리어스 포그가 살고 있었다. 포그는 남의 이목을 끄는 일을 절대 하지 않으려는 것 같았지만, 런던 개혁 클럽에서 가장 눈에 띄는 사람이었다. 그가 아주 세련된 신사라는 것 말고는 알려진 게 없는 수수께끼 같은 인물이었다. 바이런을 닮았다고들 하는데 그건 얼굴이 그렇다는 의미였다. 즉 구레나룻을 기르고 무표정한 얼굴의 바이런, 늙지도 않고 천 년을 살아왔음 직한 모습이었던 것이다.
> 필리어스 포그는 영국 사람이 분명하지만, 런던 토박이는 아닌 것 같았다. 증권 거래소나 중앙 은행, 혹은 금융가의 어느 창구에서도 그를 본 사람이 없었다. 런던 부두에 선주가 필리어스 포그인 배가 정박한 적도 없었다. 무슨 위원회에도 몸담지 않았다. 그의 이름이 템플이나 링컨 인 또는 그레이 인 같은 법률 단체에 거론된 적이 없었다. 그는 대법원이나 재정 법원, 영국 왕좌 재판소, 또는 종교 재판소에서 변론을 한 적도 없었다.

질문

1) 1814년 누가 포그의 집에서 생을 마감했는가?
2) 포그는 누구와 닮았다고 했는가?
3) 다음 문장의 빈 칸 두 개를 채우시오. 그의 이름이 템플이나 __________ 인이나 __________ 인 같은 법률 단체에 거론된 적이 없었다.
4) 포그의 주소는 무엇인가?

패션 감각이 뛰어난

기억력

빅토리아 시대의 의상을 30초 동안 집중해서 들여다보자. 그런 다음 종이로 덮고 아래의 질문에 답해보자.

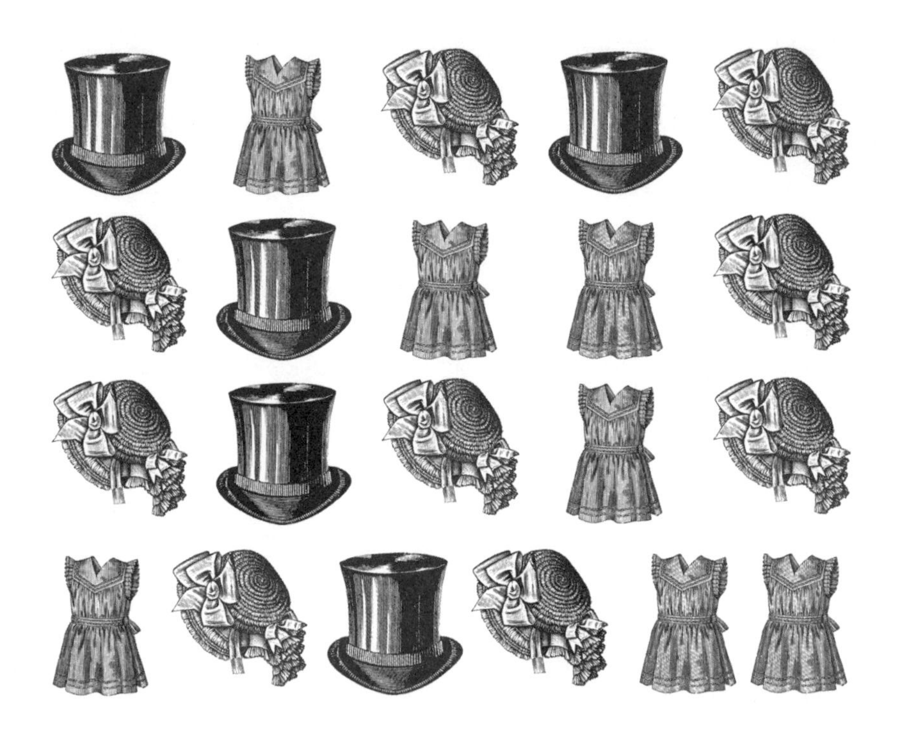

질문

1) 중산모, 드레스, 보닛 중 어느 것이 가장 많은가?
2) 빨간색과 파란색 중 어떤 색이 더 많은가?
3) 딱 다섯 개인 품목은 무엇인가?

영원히 행복하게?

창의력

포그는 약속된 시간 안에 런던으로 돌아와 내기에서 승리했고 아우다와 결혼했다. 또한 파스파르투, 픽스와 상금을 나누었다. 그 후의 이야기는 어떻게 펼쳐질까? 포그와 아우다는 행복하게 살아갈까? 포그는 자로 잰 듯한 고정된 일상으로 되돌아갈까, 좀 더 느긋하고 자연스럽게 살아갈까? 소설이 끝난 후의 이야기를 담은 창의적 시나리오를 몇 가지 생각해보자.

자연사 박물관

수학

자연사 박물관이 1881년 런던에서 개관했다. 포그와 파스파르투는 개혁 클럽에서 나와 박물관에 가보기로 했다. 그런데 박물관 소장품 중 귀중한 화석이 하룻밤 사이에 도난당했다는 사실을 전해 듣고 간담이 서늘해졌다. 도둑은 현장에서 잡히지 않았지만, 전날 밤 박물관에서 황급히 도망치는 누군가를 목격한 사람이 있었다.

그 신사는 허둥지둥 도망가던 사람의 키가 5피트 5인치라고 추정했고 앞뒤로 2인치 정도는 오차가 날 수 있다고 했다. 박물관에는 경찰이 이 절도 사건의 용의자로 세 사람을 체포했다는 소문이 돌았다. 한 명은 키가 6피트이고 다른 한 명은 5피트 6인치다. 용의자 세 명의 평균 키는 5피트 7인치다. 목격자가 말한 키와 오차범위가 정확하다고 가정할 때 세 명의 용의자 중 몇 명이 도둑일 수 있는가? 1피트는 12인치다.

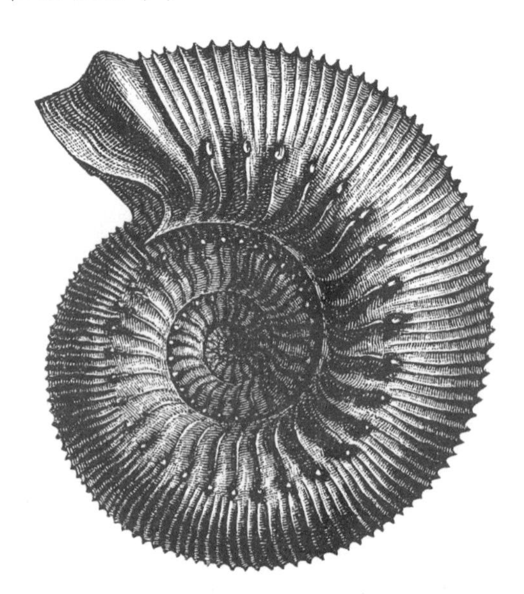

안개와 포그

문제 해결

포그는 80일간의 세계 일주 일정을 계획대로 진행시키기 위해 필사적으로 노력했는데, 그건 때때로 위험을 감수해야 함을 의미했다. 오늘이 그런 날이었다. 스산한 안개가 물 위에 내려앉았다. 이런 날 항해를 하면 수면 아래에 있는 많은 암초에 부딪힐 가능성이 높고, 그럴 경우 선박에 심각한 손상을 입힐 수 있기 때문에 선장은 출항을 꺼렸다. 그러나 포그가 선장의 손바닥에 은화 몇 닢을 쥐어주자 선장은 마지못해 출항을 결심했다.

아래의 퍼즐을 풀어서 물속에 있는 모든 암초의 위치를 알아내보자. 그리드의 한 칸을 차지하는 암초가 네 개 있다. 시작하기 쉽도록 그중 세 개를 미리 표시해놓았다. 그 밖에 연속 두 칸을 차지하는 암초가 세 개, 연속 세 칸을 차지하는 암초가 두 개 그리고 연속 네 칸을 차지하는 거대 암초가 한 개 있다. 그리드 가장자리의 숫자는 해당 행 또는 열에서 암초가 있는 칸의 수를 나타낸다. 총 열 개의 암초는 대각선을 포함하여 사방이 물로 둘러싸여 있다.

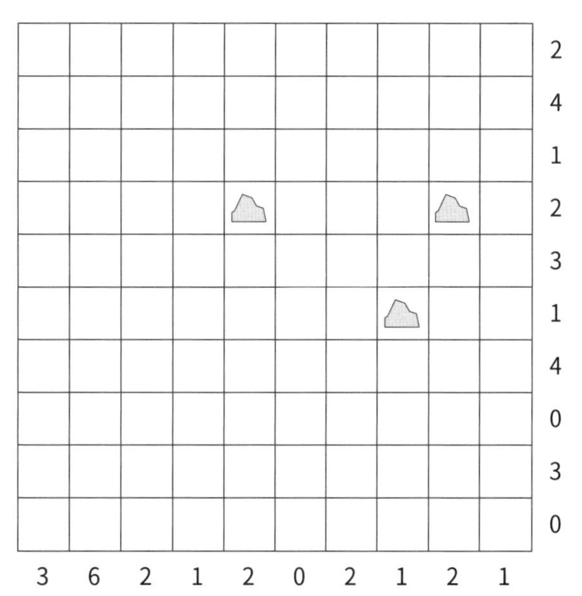

발명품 테스트

기억력

빅토리아 시대에 발명된 아홉 가지 물품이다. 30초 동안 집중해서 들여다본 후 위의 그리드를 종이로 덮고 아래 그리드를 보자. 두 쌍의 발명품이 바뀌었는데 무엇일까?

은행 예금

수학

필리어스 포그는 '80일 만에 세계 일주를 할 수 있다'에 2만 파운드의 거금을 걸었다. 그 돈을 내기에 거는 대신 은행에 몇 년 예치해놓으면 크게 불어날 수도 있었다. 은행에서 매년 3퍼센트의 이자를 지급하고 이자를 계좌에 남겨두어 복리로 커졌다고 가정해보자. 그 2만 파운드는 20년 동안 이자가 붙어 얼마가 되었을까? 천의 자리까지 반올림하여 구해보자.

여객선 좌석

수학

소설에는 몽골리아, 랑군, 카르나틱, 제너럴그랜트, 차이나 등 다양한 증기선이 나온다. 몽골리아 호에는 42명, 랑군 호에는 54명, 카르나틱 호에는 68명의 승객이 타고 있다고 가정하자. 총 다섯 척의 배에 244명의 승객이 있다. 차이나 호보다 제너럴그랜트 호에 승객이 1.5배 많이 탑승하고 있다면 제너럴그랜트 호에는 몇 명의 승객이 타고 있을까?

레드 카드

수평적 사고

필리어스 포그는 아우다에게 자신이 즐겨 하는 카드 게임 몇 가지를 가르쳐 주면서 동시에 기본적인 수학도 가르쳐주었다. 그는 52장 구성의 평범한 카드 한 벌을 꺼내어 빨간색 하트와 다이아몬드 카드를 모두 빼내었다. 그리고 아우다에게 물었다.

"테이블 위에 있는 모든 빨간 카드를 봐요. 여기에서 당신이 네 장의 카드를 가져가면 당신에겐 몇 장의 카드가 있는 거죠?"

학교 화폐

수학

빅토리아 시대의 학교 학생들은 파운드와 실링, 페니에 익숙해지기까지 시간이 걸렸고, 따라서 돈 계산법을 배우는 데 상당한 시간을 할애했다. 나중에 자라면 가계의 수입과 지출을 관리할 줄 알아야 하므로 금전 계산법은 특히 중요했다.

어느 날, 한 선생님이 계산을 시각화하는 데 도움이 되도록 반짝이는 페니를 가져왔다. 총 105개였다. 그녀는 첫 번째 학생에게 1페니, 두 번째 학생에게 2페니, 세 번째 학생에게 3페니 이런 식으로 모든 페니를 정확하게 나누어 주었다. 교실에는 몇 명의 학생이 있었을까?

택시 운전사

수평적 사고

포그와 파스파르투는 택시를 타고 채링크로스 역으로 가고 있었다. 택시 안에서 포그는 과묵하게 앉아 있었으므로 파스파르투가 운전사와 대화를 시도했다. 하지만 파스파르투가 말을 시작하자 운전사가 귀를 가리키면서 자신은 듣지 못한다고 입 모양으로 말했다. 청각장애인이었던 것이다. 역에 도착하기까지 침묵이 흘렀다.

역에 도착하자마자 포그는 운전사에게 말없이 운임을 지불했으며, 운전사는 고개를 끄덕였고, 그들은 택시에서 내렸다. 그 순간 파스파르투는 택시기사가 청각장애인일 리 없다는 생각이 문득 들었다. 왜 그렇게 생각했을까?

다채로운 샐러드

수평적 사고

런던의 어느 고급 레스토랑에서 주방장은 각 채소의 재고량을 파악하느라 머리가 빙글빙글 돌 지경이었다. 그는 아스파라거스, 양파, 토마토 재고가 많다는 것을 파악했다. 도피느와즈 감자와 갓 잡은 연어를 메인 요리로 하고 여기에 이 채소들로 만든 맛있는 샐러드를 곁들일 생각이다. 하지만 채소의 개수 파악이 문제였다. 그는 세 가지 채소를 총 200개 가지고 있다는 것을 확인했다. 아울러 양파 개수의 $\frac{3}{4}$에 해당하는 수가 토마토 개수의 두 배 더하기 토마토 개수의 절반 더하기 토마토 개수의 $\frac{1}{4}$ 더하기 2와 같았다. 그렇다면 아티초크는 몇 개나 있었을까?

우리 셋은 언제 다시 만날까?

문제 해결

세 명의 집사 해리엇, 헬레나, 헤티는 휴가 날짜가 서로 겹치는 날 함께 모여 차를 마시며 담소를 나누었다. 아쉽게도 이런 즐거운 시간을 자주 가질 수는 없었다. 이들은 각각 2월 1일부터 런던의 상류층 가정에 고용되었다. 비록 일은 고되지만 상위층 가족들이 영위하는 화려한 삶에 매료되었다.
해리엇의 고용주는 가장 관대한 사람으로, 닷새 동안 연속으로 일을 하고 나면 엿새째 휴가를 주었다. 헬레나의 고용주는 일곱 번째 날마다 휴가를 주었고, 가여운 헤티는 여덟 번째 날마다 쉴 수 있었다. 그러면 해리엇, 헬레나, 헤티는 얼마 만에 만나 차를 마시며 담소를 나눌 수 있었을까?

달콤한 꿈

논리

로사, 로제타, 로지나 세 자매는 각자 좋아하는 사탕을 꿈꾸고 있었다. 한 명은 봉봉을 중독이다시피 좋아하고, 다른 한 명은 셔벗 레몬에, 마지막 한 명은 토피에 열광한다. 아래의 단서를 보고 자매들이 꿈꾸는 사탕이 무엇인지, 그리고 사탕봉지의 색깔(분홍색, 파랑색, 초록색)이 무엇인지 알아내보자. 머릿속으로 풀고 아래 표에 바로 답을 적어보자.

로사는 봉봉을 꿈꾸지 않고, 로사의 사탕은 분홍색 봉지에 담겨 있지 않다. 로제타는 토피를 꿈꾸지 않고, 토피는 초록색 봉지에 담겨 있다. 로지나의 사탕은 파란색 봉지에 담겨 있고, 셔벗 레몬이 아니다.

이름	사탕	사탕봉지 색깔
로사		
로제타		
로지나		

황금색 지구본

수학

개혁 클럽 회원들은 포그가 어디까지 갔는지 간간히 소식을 들을 수 있었다. 그때마다 지름 12인치의 황금색 지구본 위에 컬러 스티커를 붙이며 포그의 여행 상황을 표시했다.

한 회원이 포그가 지금까지 여행한 거리를 계산해보기로 했다. 지구본 위에 끈을 팽팽하게 둘러서 재어보니 포그가 지금까지 5인치 거리를 여행했다는 것을 알았다. 지구의 둘레가 24,901마일이라는 점을 고려할 때 포그는 그 시점까지 몇 마일을 여행했는가? 파이는 3.14로 간주하여 가장 가까운 정수로 계산해보자.

기온 측정

문제 해결

유타 주에서 그레이트 솔트 레이크로 가는 열차 안에서 파스파르투는 "춥고 하늘이 흐리지만 눈은 내리지 않습니다"라고 보고했다. 기온 측정에 필요한 온도계는 없었지만, 0도에 아주 가까울 것이라고 파스파르투는 예측했다.

다양한 온도계가 들어 있는 아래의 퍼즐을 풀어보자. 각 행, 열 및 굵은 선의 3 × 3 상자에 1부터 9까지의 숫자를 한 번씩 배치하여 그리드를 완성하면 된다. 또한 붉은색 온도계의 몸체를 따라 숫자가 커져야 하는데, 온도계의 하단(원형)에 낮은 숫자가 오고 반대쪽 끝에 높은 숫자가 온다.

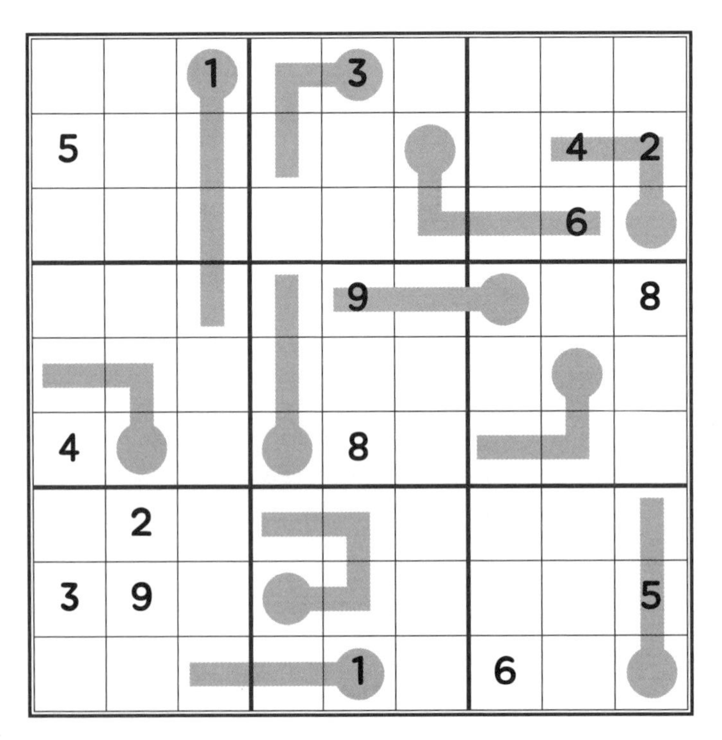

		1		3				
5							4	2
							6	
				9				8
4				8				
	2							
3	9							5
				1		6		

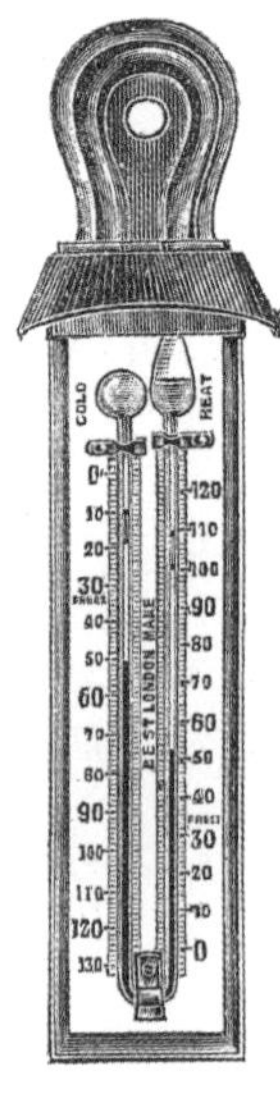

요리사가 너무 많아

논리

잭슨, 존슨, 톰슨 등 세 명의 요리사가 랑군 호에서 포그, 파스파르투 그리고 아우다를 위해 수프를 요리하고 있다. 한 요리사는 닭고기 수프, 다른 요리사는 토마토 수프 그리고 세 번째 요리사는 채소 수프를 만들고 있다. 아래 단서를 보고 각 요리사가 만드는 수프의 종류와 누구를 위해서 만드는지 알 수 있겠는가? 풀이 과정을 메모하지 말고 표에 바로 답을 써보자.

잭슨은 닭고기 수프를 만들고 있지만 포그를 위한 것은 아니다. 아우다를 위해 요리하는 사람은 토마토 수프를 만들고 있다. 존슨은 포그를 위해 맛있는 수프를 준비하고 있다.

이름	만들어서 줄 사람	수프의 맛
잭슨		
존슨		
톰슨		

하늘 높이

인지

빅토리아 시대의 한 신사는 밸런타인데이의 깜짝 선물로 열기구를 타고 싶다는 아내의 소원을 실현시켜주기로 했다. 미리 예약해놓은 열기구 탑승 장소에 도착했을 때, 다른 커플들을 역시 비슷한 계획을 세웠는지, 수많은 열기구가 그들을 태우기 위해 죽 늘어서 있었다. 그런데 태양이 열기구 뒤쪽에서 역광으로 빛나고 있어 안타깝게도 열기구의 실루엣만 보이고 색깔도 분간이 안 되었다. 그 신사가 아내와 함께 타려고 예약했던 파랑 열기구의 실루엣과 일치하는 것은 어느 것인가?

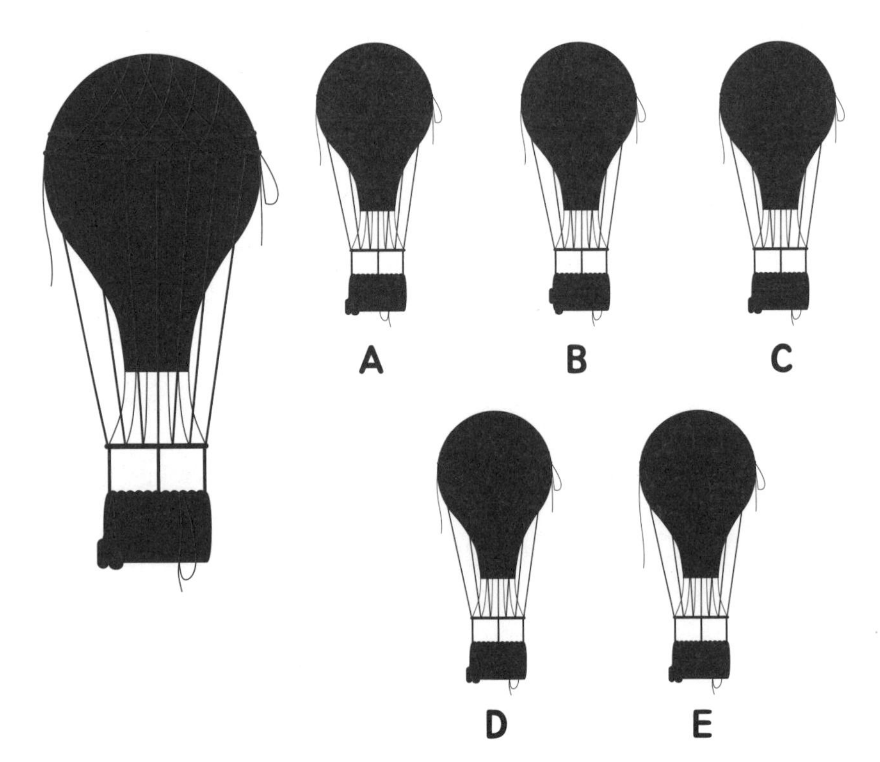

증기선 등급

인지

드디어 집으로 돌아왔다. 여행 중 겪었던 드라마 같은 사건들은 일련의 위기 대신 즐거운 추억으로 자리 잡았다. 파스파르투는 여행에서 탔던 증기선들을 떠올리며 등급을 매겨보기로 했다. 몽골리아Mongolia 호가 36점, 차이나China 호가 15점, 랑군Rangoon 호가 28점을 받았다면 헨리에타Henrietta 호는 몇 점을 받았을까?

헛간 습격

수평적 사고

픽스 형사는 여행자들에게 경험담을 들려주고 있었다. 한번은 살인범을 쫓아 헛간으로 뛰어갔고, 그곳에 다른 사람이 없는지 조심스럽게 살핀 다음, 헛간을 습격한 적이 있었다. 예상대로 그는 그곳에서 살인범을 발견했다. 범인의 신원과 죄목을 모두 확인한 다음 적법하게 체포했음에도 그 남자는 사람들의 이목도 끌지 않은 채 20분 후 어느 술집에서 술을 마시는 것이 목격되었고 기소되지도 않았다. 어떻게 이런 일이 가능했을까?

그레이비를 실은 기차

수학

화물열차 한 대가 두 도시를 철로로 왕복하며 다양한 물건을 운반하고 있었다. 한두 세대 이전에 상상했던 것보다 훨씬 빠른 속도였다. 화물 중에 400파운드의 그레이비 가루가 담긴 큰 용기가 있었는데, 용기에 난 작은 구멍으로 가루가 시간당 5파운드의 속도로 새고 있었다.
기차는 시속 45마일로 27마일을 달렸다. 운행이 끝날 무렵 그레이비 가루는 얼마나 남았을까?

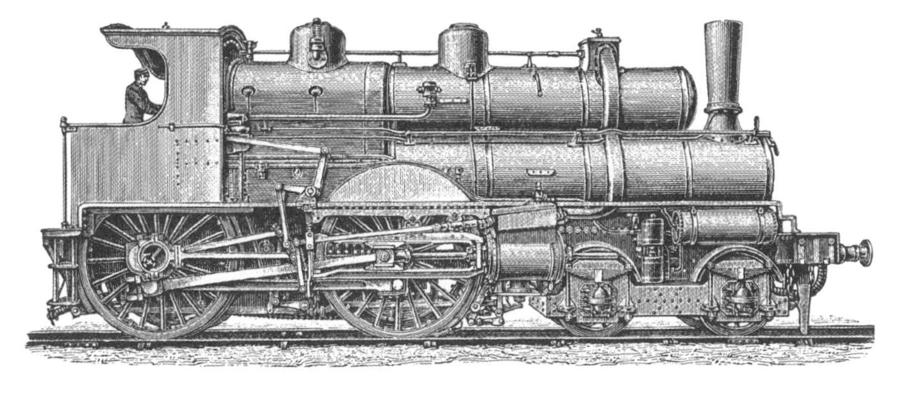

열기구 사업

문제 해결

포그는 아우다를 데리고 열기구를 타러 갔다. 많은 기업이 대중을 위한 열기구 탑승 사업에 뛰어들기 시작했다. 사람들은 하늘에서 내려다본 세상이 어떤지 안전하게 체험할 수 있게 되었다.

포그와 아우다는 열기구가 이륙하는 넓은 들판에 도착했다. 12개의 열기구가 있었는데 열기구마다 주인이 옆에 서 있었다. 각 주인이 서 있는 위치를 아래 그리드에 표시해보자.

어떤 두 명의 주인도 서로 붙어 있지 않고, 대각선으로도 마찬가지로 붙어 있지 않다. 그리드 가장자리의 숫자는 각 행 또는 열에 서 있는 주인의 수를 나타낸다. 각 주인은 자신의 열기구와 붙어(대각선으로는 아님) 서 있으며 열기구가 한 명 이상의 주인과 인접할 경우에도 누구의 것인지 분간할 수 있다.

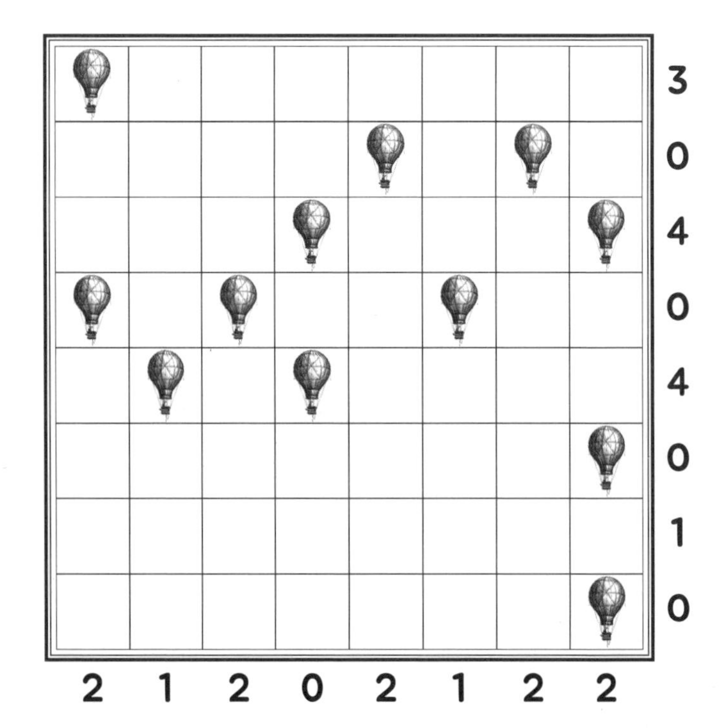

유력한 용의자

수평적 사고

픽스 형사는 수년 동안 여러 사건을 맡아 성공적으로 해결해왔고 제법 명성을 떨치고 있었다. 그중 하나는 1869년 런던에서 일어난 강력 살인 사건이었다. 살인범은 좀처럼 잡히지 않았지만 픽스의 집요한 수사 덕분에 경찰이 유력한 용의자를 알아냈다. 하지만 현상에서 체포하기가 쉽지 않았다. 범죄 수법은 런던 극장에 잠입하여 출연진 중에서 희생양을 고른 다음 극장 밖에서 기다렸다가 공격하는 것이었다.

매일 밤 모든 극장에 잠복하는 것은 불가능했기 때문에 픽스는 선택지를 줄이고자 했다. 살인범이 습격한 날짜를 살펴보니 가장 최근의 날짜가 1월 31일, 2월 11일, 2월 23일, 2월 27일, 3월 7일이었다. 픽스는 그다음 날짜를 몇 월 며칠로 골라 런던의 주요 극장에 경찰 인력을 집중 투입했을까?

마음은 청춘

수평적 사고

프란시스 크로마티 경은 몽골리아 호에서 포그와 휘스트 카드 게임을 했던 한 사람으로 50세의 나이에도 활기가 넘쳤다. 어느 날 저녁 일몰을 감상하는 동안 크로마티 경은 포그에게 다소 놀라운 사실을 알려주었다. 그가 50세인데도 생일을 열두 번밖에 맞이하지 않은 청년이라는 것이었다. 어떻게 이것이 가능한 걸까?

전보

수학

전보는 빅토리아 시대에 매우 대중적인 통신수단이었고, 많은 사람이 다른 나라에 사는 친척들과 전보로 소식을 주고받았다. 하지만 단어는 곧 비용이었으므로 사람들은 아주 짧게 메시지를 보냈다. 전보 비용은 한 글자당 1페니로, 메시지당 10글자가 기본량이었다. 따라서 대부분의 사람이 딱 10글자 길이로 메시지를 보냈다. 전보 회사는 더 긴 메시지를 장려하기 위해 비용을 낮추는 실험을 해보았다. 11~20자는 1~10자보다 10퍼센트 저렴했고, 21~30자는 20퍼센트, 31~40자는 30퍼센트 저렴했으며, 91자부터는 1~10자보다 90퍼센트 저렴했다.

필리어스 포그가 이 할인율을 적용하여 여행 상황을 업데이트한 100자 전보를 지인들에게 보내고자 한다면, 비용은 몇 실링 몇 페니가 들까? 1실링은 12페니다.

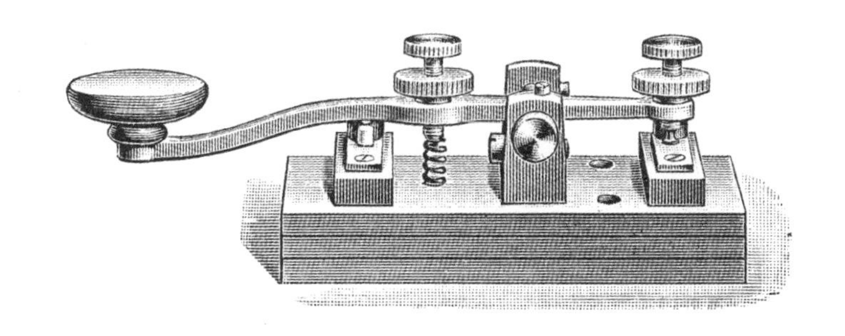

체스 게임

문제 해결

여행 중 겪는 시간적 압박과 역경 때문에 포그는 마치 80일짜리 체스를 두는 것 같은 중압감을 느꼈다. 아래 체스 퍼즐을 풀어보자.

체스 킹이 10 × 10 그리드 위의 1에서 100까지(그리드에 색칠된 곳) 모든 칸을 한 번씩 거쳐 갔다. 그 경로의 일부가 사각형에 숫자로 적혀 있다. 나머지 빈 사각형에도 올바른 숫자를 적어 1부터 100까지 이어지는 킹의 여정을 정확히 기록해보자. 킹은 대각선을 포함하여 어느 방향으로든 한 번에 한 칸씩 움직일 수 있다.

	45		43		41			37	
		50		52		54			35
	68		66		64	59	58		
	70	71		90					
73			13					61	
					1	9	93		31
	86			4	2		97	95	
	84					100	98		
		82		17	21		99	28	
78			18			22			26

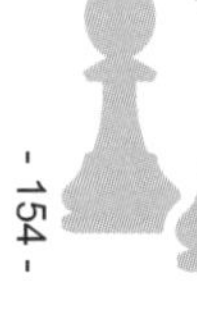

중국에서 리버풀로

문제 해결

여행자들은 여행의 마지막 구간에서 차이나 호라는 증기선에 탑승하여 대서양을 건너 리버풀로 가려 했지만, 계획대로 되지 않아 대안을 마련해야 했다. 아래의 다이아몬드 낱말 찾기에서 '중국CHINA'이라는 단어를 몇 번 찾을 수 있겠는가? 가로 또는 세로로 붙어 있는 칸으로 옮겨가며 찾는다.

식후 담소

논리

설리번, 폴런틴, 스튜어트 등 세 명의 개혁 클럽 회원이 런던의 한 고급 레스토랑에서 점심을 먹고 클럽으로 돌아와 담소를 나누고 있었다. 그들은 자기가 가장 좋아하는 먹을 것과 마실 것에 대해 이야기하고 있었다. 아래의 단서를 보고 세 명의 회원이 좋아하는 음식과 술이 무엇인지 알아보자. 머릿속으로 풀고 아래 표에 바로 답을 적어보자.

폴런틴이 좋아하는 음식은 스테이크나 양고기가 아니고, 구운 닭고기를 훨씬 더 좋아한다. 포트와인을 좋아하는 사람은 스테이크 팬이 아니다. 브랜디 애호가는 양고기를 좋아한다. 스튜어트는 셰리주(酒) 팬이 아니다.

이름	좋아하는 음식	좋아하는 술
폴런틴		
스튜어트		
설리번		

착각의 방

수평적 사고

홍콩에 머무는 동안 아우다는 클럽 호텔에 묵었고, 다음 날 아침 일찍 다른 여행객들과 함께 카르나틱 호를 타고 떠나기로 했다. 아우다는 그간의 여정에서 쌓인 피로가 몰려와 곧장 잠자리에 들었다. 그러나 눈을 감자마자 문 두드리는 소리에 일어났다. 호텔 직원일 것이라는 예상을 깨고 모르는 남자가 서 있었다. 그는 몇 초 동안 말을 하지 않고 있다가 "정말 죄송합니다, 부인. 여기가 제 방인 줄 알았는데 착각한 것 같습니다. 실례했습니다"라고 말했다. 아우다는 순간적으로 의심이 들었고 그 남자가 거짓말을 하고 있을 거라는 직감이 들었다. 그녀는 왜 남자가 단순한 실수를 한 것이라고 생각하지 않았을까?

미통보 공지

수평적 사고

픽스 형사는 외국에서 포그를 체포해도 되는지 여부에 대한 전보가 도착하길 초조하게 기다리고 있었다. 기다리는 동안 영국 신문을 읽다가 두뇌회전 문제 몇 개가 눈에 들어왔다. 다음은 그중 한 문제다. 답을 알아보자.

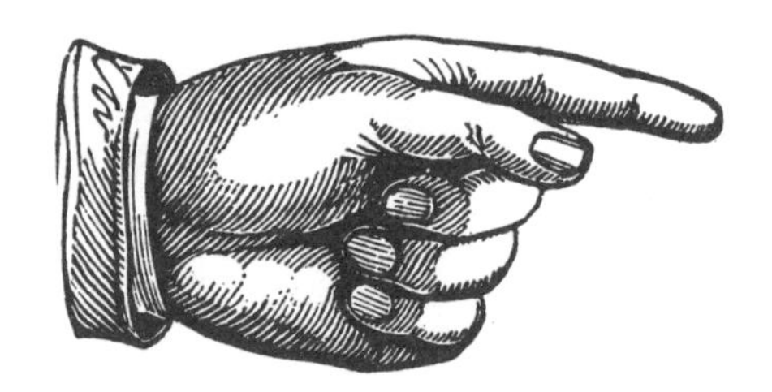

나는 당신이 내가 존재하는 것을 알지 못할 때에만 존재할 수 있다. 당신이 내가 존재하는 것을 안다면, 나는 존재하지 않는다. 나는 무엇일까?

새뮤얼 폴런틴

문제 해결

포그가 '80일 안에 세계 여행을 할 수 있다'에 내기를 건 사람들 중 한 명은 은행원인 새뮤얼 폴런틴이었다. 새뮤얼의 철자—S, A, M, U, E, L—를 각 행, 열 및 굵은 선의 3 × 2 상자 안에 한 번씩 넣어 퍼즐을 완성해보자.

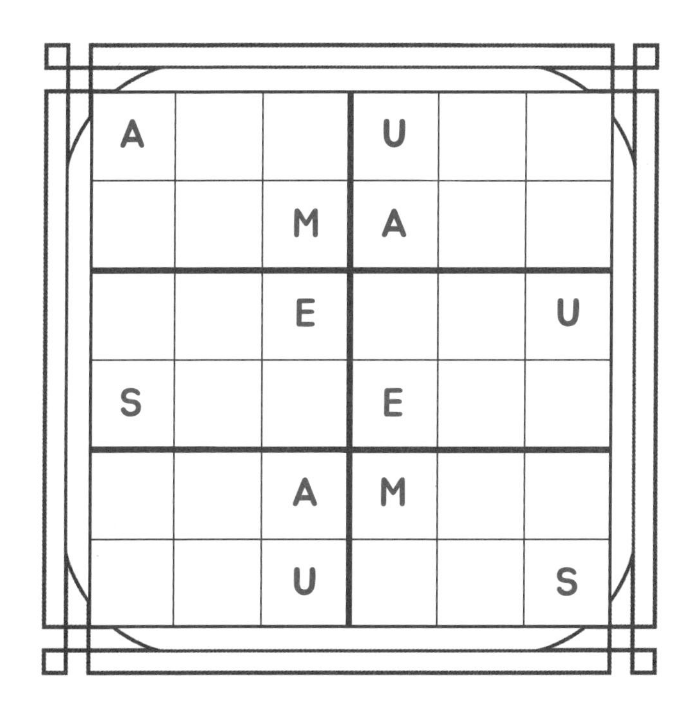

고향 생각

수학

필리어스 포그는 여행이 길어질수록 향수병이 점점 더 심해지고 있음을 느꼈다. 여행 첫날에 한 번, 둘째 날에 두 번, 셋째 날에 세 번 등으로 집을 그리워했다면, 80일째 날에는 몇 번이나 집을 생각했을까?

수많은 열기구

문제 해결

열기구에 매료된 영 바질에게 아버지 길버트는 생일 선물로 그를 열기구 전시회에 데려갔다. 바질은 그 화려한 전시에 압도되어 언젠가 열기구를 타고 하늘을 날겠노라고 다짐했다. 집에 돌아와서 그는 아래의 그림을 그렸다. 아래 그리드를 그룹으로 나눠보자. 각 그룹에는 연한 빨간색 하나, 진한 빨간색 하나, 연한 파란색 하나, 진한 파란색 하나가 있어야 한다.

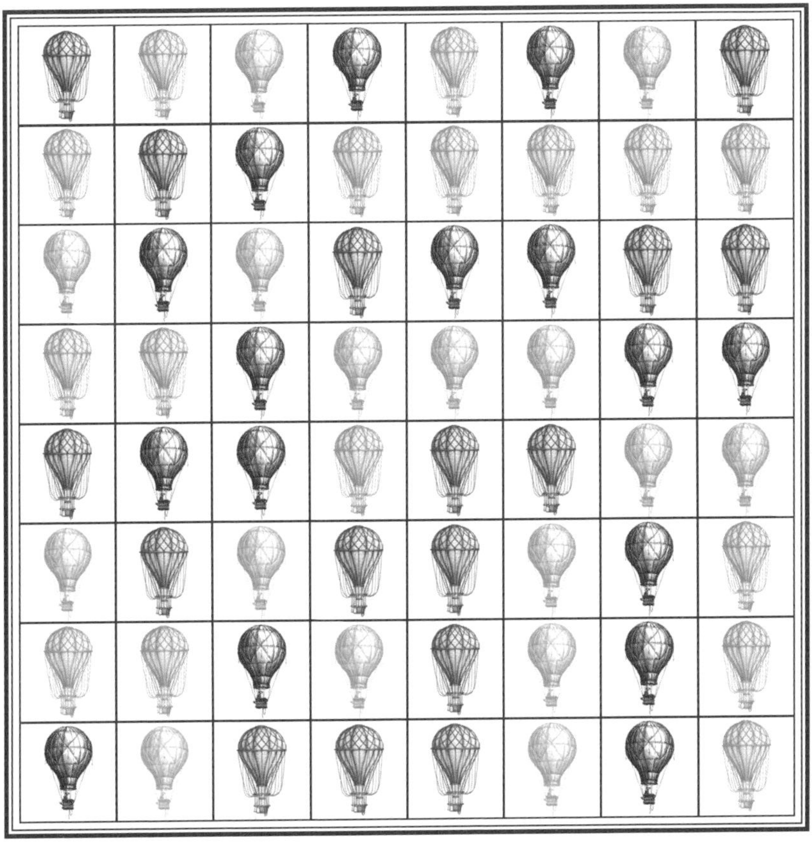

전구 켜기

인지

빅토리아 시대의 발명품 중 실용적이라고 손꼽히는 것 중 하나는 전구였다.
아래의 전구 더미에서 어떤 전구가 맨 밑에 있는지 찾아보자.

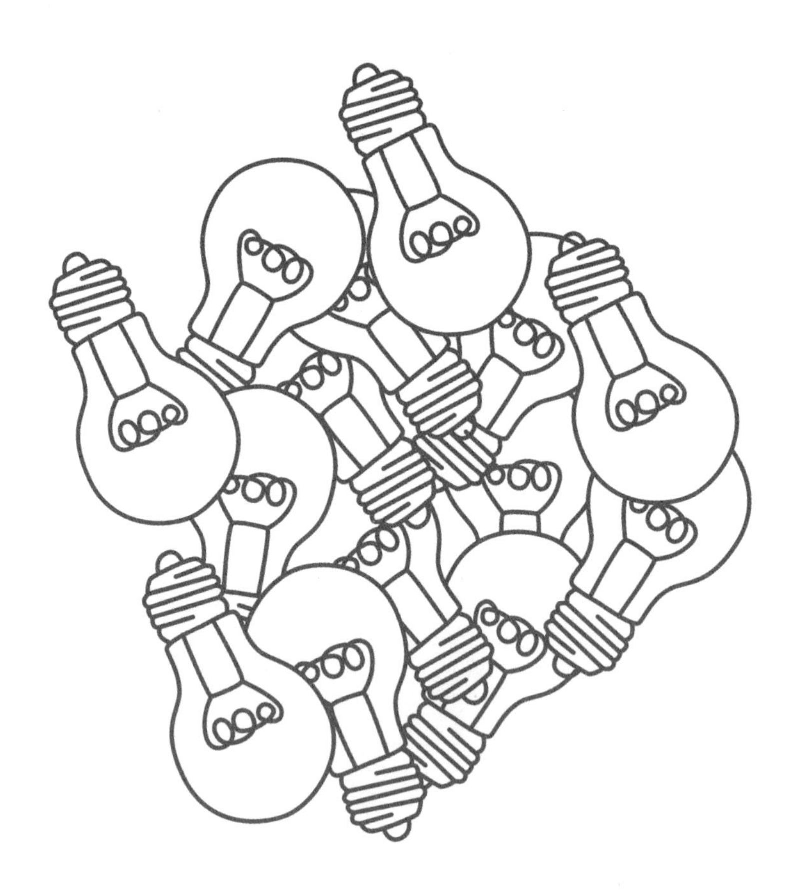

휘스트 게임

문제 해결

포그는 몽골리아 호에서 성직자, 세무 관리, 육군 준장인 세 명의 파트너와 함께 휘스트 게임을 했다. 그들은 북쪽, 동쪽, 남쪽, 서쪽이라고 라벨이 붙은 사각 테이블의 네 면에 각각 앉아 있었다. 아래의 단서를 보고 네 명의 신사가 어느 자리에 앉았는지 알아내보자.

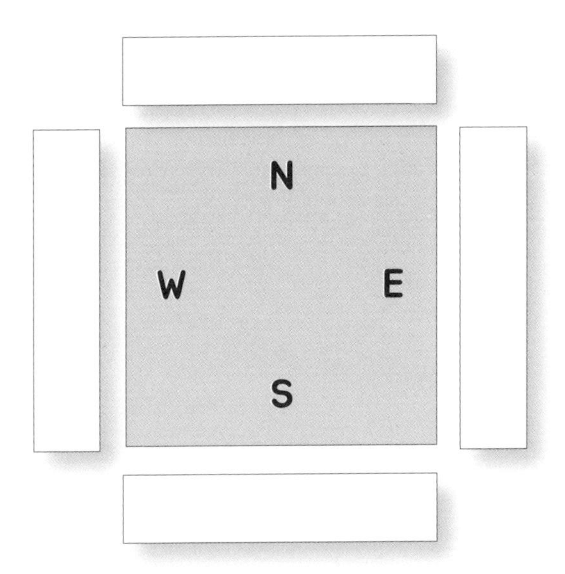

동쪽에는 천을 가진 사람이 앉지 않았다.
포그는 남쪽 자리에 앉았고, 세무 관리의 맞은편은 아니었다.
육군 준장 맞은편에 앉은 사람은 세무 관리 아니면 성직자다.
서쪽 자리에는 세무 관리가 앉지 않았다.

형형색색의 미술

수평적 사고

필리어스 포그는 색을 자유자재로 표현한 화가의 그림을 감명 깊게 보고 있었다. 이 특별한 작품은 독특한 채색방식으로 탄생했다. 화가는 현실의 빨간색 물체를 주황색으로 칠했고, 초록색 물체는 파란색으로 칠했으며, 보라색 물체는 빨간색으로 칠했다. 현실의 파란색 물체는 그림에서 어떤 색으로 칠했을까?

황당한 픽스

수평적 사고

엉뚱한 사람을 쫓아 세계를 돌아다녔다는 사실에 황당했던 픽스 형사는 남은 임기 동안에 다시는 그런 실수를 저지르지 않겠노라 다짐했다. 어느 날 밤, 픽스와 동료 형사는 나중에 밝혀진 피터라는 이름의 남자를 뒤쫓고 있었다. 그러나 용의자는 머리부터 발끝까지 온통 검은색 옷을 입고 있었고 밤은 칠흑 같이 어두웠다. 그가 어떤 집으로 뛰어가는 것을 보고 픽스도 거친 숨이 몰아쉬며 뒤따라갔으며, 20초 뒤 그 집 앞에 도착하여 안으로 들어갔다. 그 사이 동료 형사는 집 뒤쪽으로 돌아가 빠져나가는 사람이 없도록 막았다. 픽스는 집 안의 여러 방에서 경찰관, 의사, 노무자 그리고 나무 치료사와 마주쳤다. 그중 검은색 옷을 입은 사람은 없었고 낯익은 사람도 없었다. 픽스는 동료에게서 아무도 그 집을 나간 사람이 없다는 사실을 확인한 후, 그 네 명 중 경찰관을 즉시 체포했다. 왜 그랬을까?

째깍째깍

문제 해결

포그와 파스파르투 둘 다 80일간의 세계 일주를 하며 시간에 쫓기다 보니 건강에 해로울 정도로 시간 강박증이 생겨버렸다. 어느 날 포그는 자신이 12시부터 그다음 11시 59분까지 숫자판이 12시간인 시계 위의 모든 시간을 낱낱이 기록하고 있다는 것을 알아차렸다. 시계에는 1:01과 같이 앞에서 읽으나 뒤에서 읽으나 같은 시각이 있다. 이런 시각들 사이에서 가장 긴 간격은 얼마인지 그리고 가장 짧은 간격은 얼마인지 계산해보자.

미로 정원

문제 해결

빅토리아 시대의 한 가족이 정원이 아름답기로 소문난 어느 대저택을 방문했다. 정원에는 주인이 세계 각지에서 수집한 놀랍도록 다양한 나무와 굉장히 독특한 미로가 있었다. 미로는 쓰러진 나무에서 떨어져 나온 네 가지 다른 모양(원, 사각형, 삼각형, 별) 나무 조각으로 만들어졌고, 1부터 4까지의 번호가 적혀 있었다. 미로의 왼쪽 상단으로 들어가서 오른쪽 하단으로 빠져나와 보자. 한 번에 한 칸씩 수평 또는 수직으로 이동할 수 있는데, 인접한 사각형과 숫자나 모양이 같아야만 이동할 수 있다.

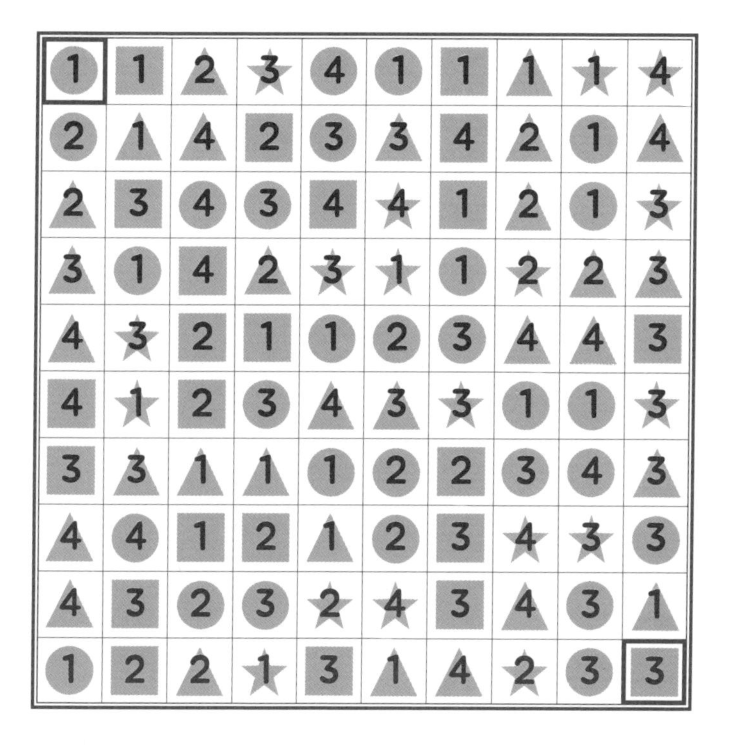

꼬리잡기

문제 해결

파스파르투는 자신이 수행하는 일이 까다로운 주인의 성에 차지 않는 날들을 보내고 있었다. 일을 끝마치는 족족 포그에게 자잘한 지적을 받았고, 그 일을 보완하는 사이에 잡일이 자꾸 추가되었다. 그는 꼬리를 쫓으며 맴도는 것 같았는데, 상황이 개선될 기미가 보이지 않았다.

짧은 선 조각들을 이어서 큰 고리를 만들어보자. 그리드의 모든 사각형을 정확히 한 번만 지나서 하나로 크게 연결된 고리를 만들어야 한다. 고리에는 서로 교차하는 부분이 없어야 한다.

두둥실

수학

어느 용감무쌍한 모험가가 열기구를 높이 띄워 10,000피트 높이의 산을 넘어가려 하고 있다. 그는 100피트씩 위로 올라갈 때마다 부력이 2파운드씩 감소할 것이라고 계산했다. 높이 올라감에 따라 그만큼의 부력을 증가시키려면 모래주머니를 몇 파운드 실어야 하는가?

등장인물 찾기

문제 해결

《80일간의 세계 일주》에 나오는 등장인물 일곱 명의 이름과 성이 그리드 안에 숨겨져 있다. 각 이름의 철자는 대각선을 포함한 연속된 사각형에 배치되어 있으므로 매우 자세히 봐야 한다. 찾은 이름은 그리드에 형광펜으로 칠하고 아래에서는 줄을 그어 지운다. 모두 찾고 나면 그리드에 또 다른 등장인물의 이름이 나타난다. 누구일까?

X	Q	A	G	F	B	U	N	S	J	A	H	F	F	V
D	F	N	J	G	F	J	B	A	B	C	O	O	G	H
M	G	D	H	F	D	Y	H	M	O	J	G	U	C	X
W	E	R	H	J	K	U	T	D	C	B	D	J	K	O
U	V	E	S	C	G	S	J	K	I	A	J	H	G	M
N	B	V	C	X	I	G	H	R	J	K	I	O	U	Y
T	F	D	C	C	J	K	A	N	B	V	C	N	Q	Q
D	E	A	N	R	E	L	G	H	J	H	A	A	G	G
K	R	C	M	E	E	P	E	F	H	L	J	G	A	C
F	X	S	D	E	R	H	U	J	F	K	J	A	L	O
P	K	N	G	J	P	R	E	S	D	B	F	N	J	V
C	D	S	S	U	L	L	I	V	B	N	G	W	E	R
T	U	H	G	F	J	K	L	V	S	A	B	V	C	H
O	U	T	R	E	E	W	G	H	A	J	H	G	H	M
B	V	L	O	P	H	G	D	G	J	N	K	C	A	T

ANDREW
AOUDA
BUNSBY
FLANAGAN
FRANCIS
RALPH
SULLIVAN

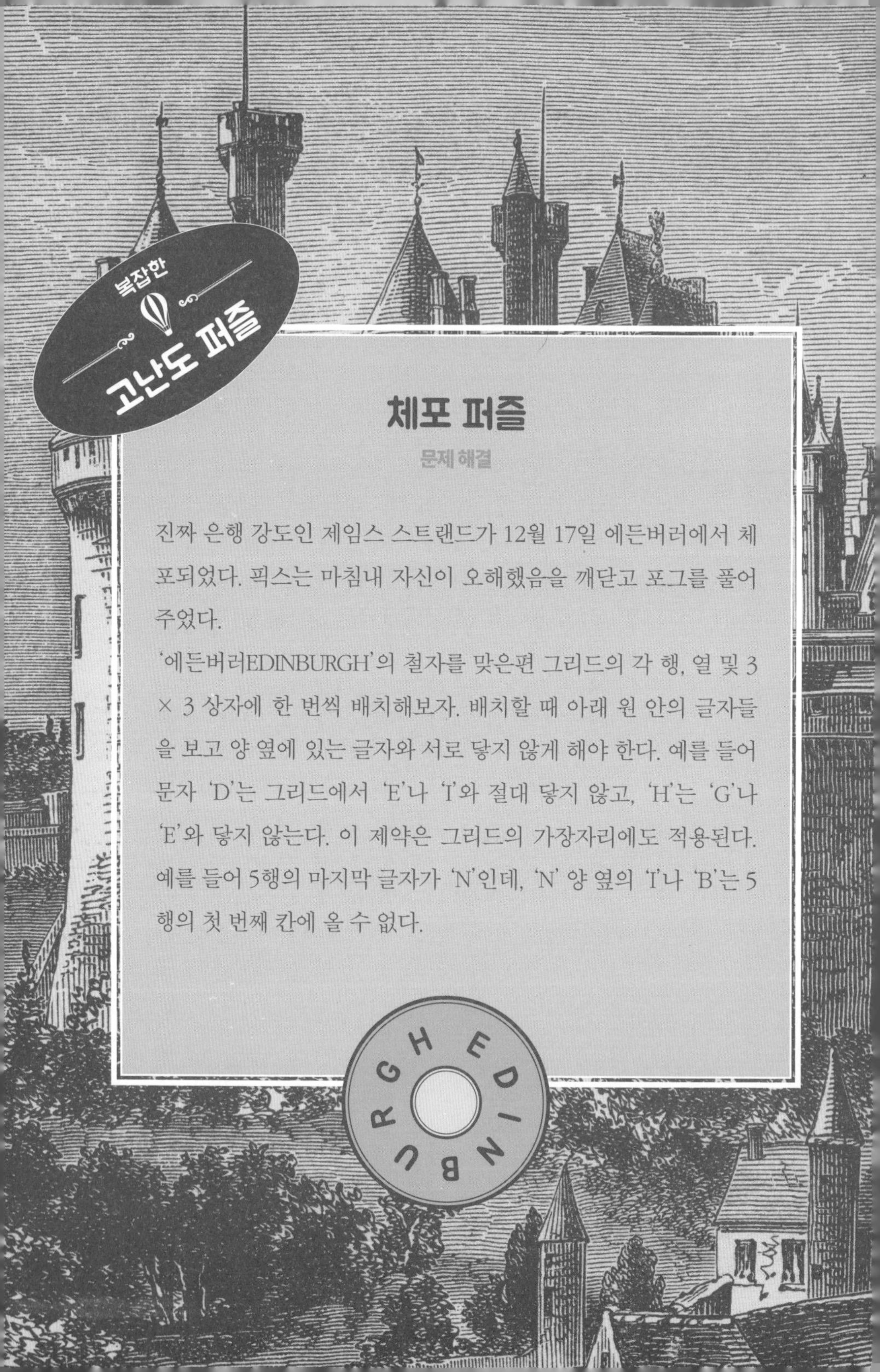

체포 퍼즐

문제 해결

진짜 은행 강도인 제임스 스트랜드가 12월 17일 에든버러에서 체포되었다. 픽스는 마침내 자신이 오해했음을 깨닫고 포그를 풀어주었다.

'에든버러EDINBURGH'의 철자를 맞은편 그리드의 각 행, 열 및 3 × 3 상자에 한 번씩 배치해보자. 배치할 때 아래 원 안의 글자들을 보고 양 옆에 있는 글자와 서로 닿지 않게 해야 한다. 예를 들어 문자 'D'는 그리드에서 'E'나 'I'와 절대 닿지 않고, 'H'는 'G'나 'E'와 닿지 않는다. 이 제약은 그리드의 가장자리에도 적용된다. 예를 들어 5행의 마지막 글자가 'N'인데, 'N' 양 옆의 'I'나 'B'는 5행의 첫 번째 칸에 올 수 없다.

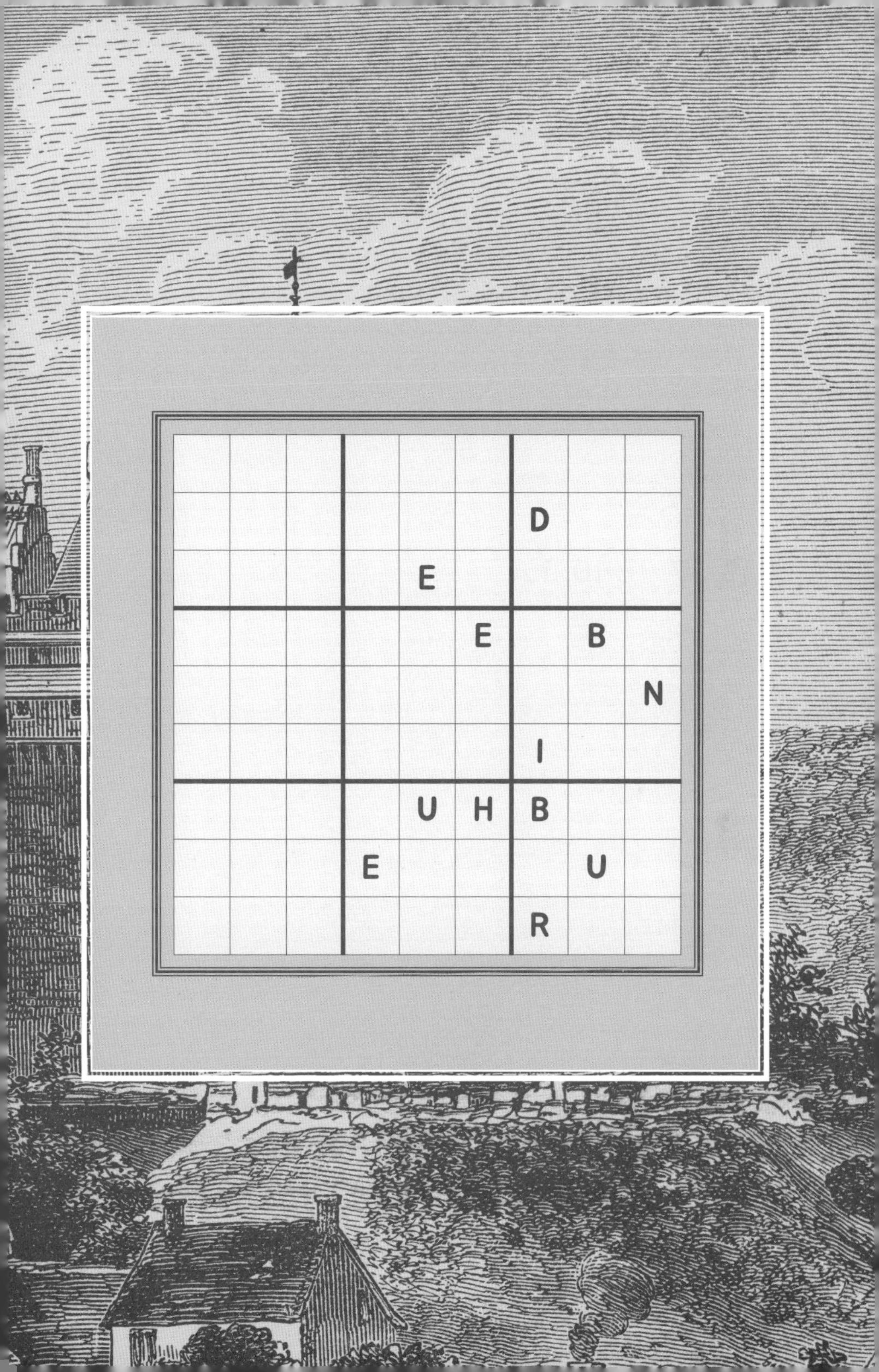

						D		
				E				
					E		B	
								N
						I		
				U	H	B		
			E				U	
						R		

기억할 수 있는 합산

기억력

파스파르투는 포그의 심부름을 갈 때마다 사야 할 목록을 잘 기억하는 동시에 암산도 해야 했다. 쉽지 않은 이 임무를 잘해내고자 자신의 능력을 연마할 몇 문제를 스스로에게 냈다. 그중 하나인 아래 문제를 풀어보자.

다섯 개의 숫자를 10초 안에 외운 후 가린다.

19, 17, 11, 10, 15

질문

외운 숫자 중 두 개를 더하면 나올 수 있는 수는 무엇일까?

a) 34
b) 22
c) 35

살인범 의혹

수평적 사고

증기선이 도착하기를 기다리는 동안 픽스 형사는 파스파르투에게 그가 담당했던 몇 가지 사건을 이야기해주고 있었다. 한 사례는 자신의 할아버지와 크게 말다툼을 벌인 뒤 냉혹하게 살인을 저지른 남자의 이야기였다. 이 사건의 특이점은 살인자 아내의 할아버지도 똑같은 시간에 사망했다는 것이다. 그전까지 정정하셨던 분이다. 어떻게 된 일일까?

노새 기차

수학

파스파르투는 기차를 타기 위해 시속 9마일의 속도로 달리고 있었고, 한편 포그는 여러 이유로 시속 6마일의 속도로 가는 노새를 타고 있었다. 두 사람은 다른 곳에서 출발하여 역까지 1.5마일의 거리를 가야 하는데, 포그는 파스파르투보다 4분 먼저 출발했다. 누가 먼저 기차역에 도착했는가?

지금 몇 시인가?

문제 해결

파스파르투는 시계 앞에만 서면 “지금 몇 시인가?”라고 후렴구처럼 묻는 포그의 목소리가 반사적으로 들려온다. 아래 네 개 시계의 시간을 반시계 방향으로 자세히 살펴본 다음 다섯 번째 빈 시계가 가리킬 시간을 그려보자.

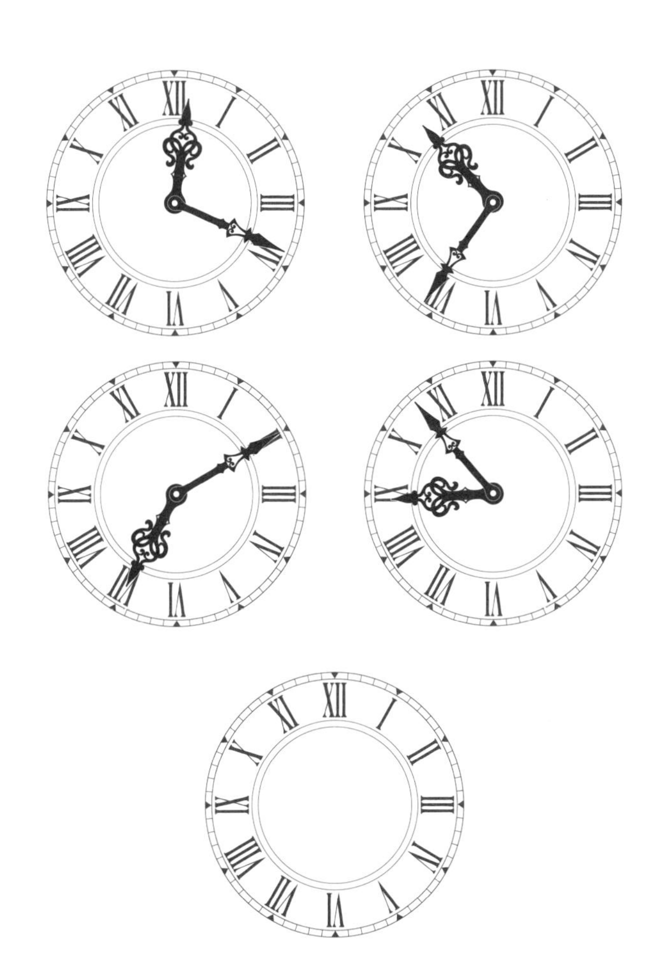

쥘의 'J'

문제 해결

《80일간의 세계 일주》의 저자는 쥘 베른이다. J 모양의 미로를 통과해보자.

베른의 'V'

수학

이 V 자 모양의 숫자 퍼즐을 풀어보자. 연한 색 사각형 안의 숫자는 그 행 또는 열에 있는 흰색 사각형 안 숫자들의 합을 나타낸다. 숫자 1~9만 사용할 수 있고 행 또는 열 내에서 같은 숫자가 반복될 수 없다. 따라서 두 개의 흰색 사각형에서 합계 4가 만들어지려면 2와 2가 아닌 1과 3이 순서에 맞게 들어가야 한다.

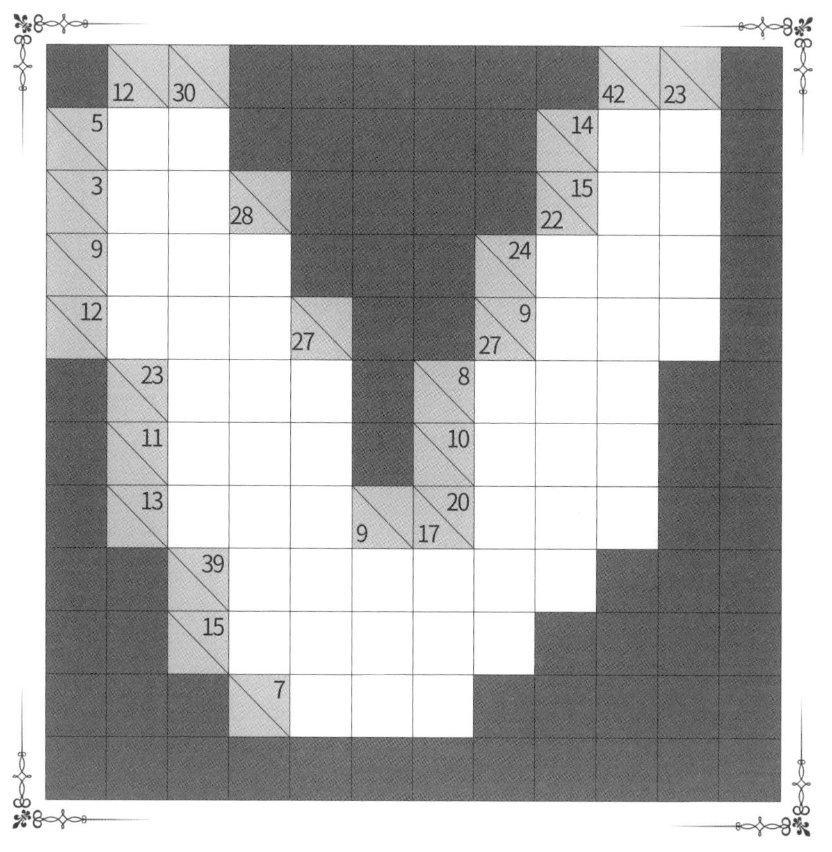

보트를 놓치다

문제 해결

《80일간의 세계 일주》에서 발췌한 아래 지문은 파스파르투가 자신은 증기선 카르나틱 호를 탔는데 포그와 아우다가 타지 못했다는 것을 깨달은 직후의 이야기다. 글을 읽은 후 다시 보지 않고 아래의 질문에 답해보자.

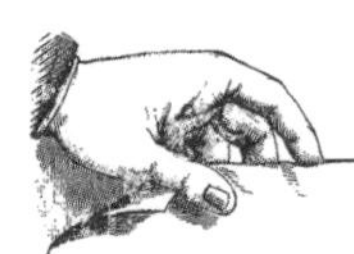

한동안 침울했던 파스파르투는 다시 침착함을 되찾고 현 상황을 분석했다. 분명 난감한 상황이었다. 그는 지금 일본으로 가고 있다. 일본에 도착할 것은 확실한데 거기에서 어떻게 해야 하나? 주머니에는 한 푼도 없었다. 1실링은 고사하고 1페니도 없다. 다행히 뱃삯과 식비는 미리 지불한 상태다. 앞으로의 일정을 결정할 때까지 아직 5~6일의 시간이 남아 있었다. 식사 때가 되면 그는 마음껏 먹었다. 자기 몫은 물론 포그와 아우다 몫까지 다 먹었다. 마치 지금 가고 있는 일본이 먹을 거라곤 아무것도 없는 사막인 것처럼 실컷 먹어댔다.

13일 새벽 카르나틱 호는 요코하마 항구로 들어갔다. 이곳은 태평양의 주요 기항지로 북미, 중국, 일본, 동양의 섬을 오가며 우편물과 승객을 나르는 정기선들이 거쳐 가는 곳이었다. 요코하마는 에도 만에 위치하고 있으며, 일본 제국의 제2수도인 에도와 가까운 거리에 있었다. 종교적 황제였던 미카도가 자신의 거처로 흡수하기 전에 세속의 황제인 쇼군이 거주했던 곳이다. 카르나틱 호는 세관 옆 부두에 정박했다. 주변에는 세계 각국의 국기를 단 수많은 배가 정박해 있었다.

질문

1) 파스파르투는 앞으로의 일정을 결정할 때까지 며칠이 남아 있었는가?
2) 빈칸을 채우시오: 그는 마치 일본이 ___인 것처럼 실컷 먹어댔다.
3) 며칠 새벽에 카르나틱 호가 요코하마 항구에 입항했는가?
4) 요코하마는 어느 만에 위치해 있는가?

이상한 풍선

수평적 사고

빅토리아 시대의 한 가족은 서커스 공연장에서 신나는 하루를 보냈다. 그들이 막 떠나려 할 때 광대가 다가와 풍선으로 멋진 동물을 만들며 아이들을 즐겁게 해주기 시작했다. 그러고는 가족들에게 가장 신기한 것을 보여준다며 아무리 터뜨리려 해도 터지지 않는 풍선을 소개했다. 광대가 가족에게 날카로운 핀과 풍선을 건넸다. 광대의 예상대로 아무리 터뜨리려 해도 풍선은 터지지 않았다. 왜 그랬을까?

장미는 붉고, 제비꽃은 더 저렴하다

수학

필리어스 포그는 개혁 클럽에서 열린 휘스트 게임에서 종합 우승을 차지했다. 그는 날아갈 듯 기분이 좋아 파스파르투를 보내 사랑하는 아우다에게 줄 거대한 장미 다발을 사 오게 했다. 그런데 포그가 장미값을 과소평가한 바람에 파스파르투는 장미 살 돈이 모자랐다. 마침 제비꽃이 상당히 저렴해서 대신 제비꽃을 많이 샀다. 장미는 제비꽃보다 2.5배 더 비쌌고, 파스파르투는 장미보다 제비꽃을 2.5배 더 많이 샀다. 총 35송이의 꽃을 샀다면 제비꽃과 장미를 각각 몇 송이씩 샀을까?

코르크 마개 마술

수평적 사고

스피디 선장은 헨리에타 호를 타고 오랫동안 향해하면서 가끔 마시는 럼주로 마음을 달랬다. 오늘은 동료 선원이 매우 인상적인 묘기를 보여주었다. 먼저 빈 럼주 병에 동전을 넣은 다음 코르크 마개로 병 입구를 막았다. 그러더니 놀랍게도 병을 깨거나 코르크 마개를 뽑지 않고 병에서 동전을 꺼내었다. 선원은 어떻게 이 놀라운 마술을 부렸을까?

체스 말

문제 해결

포그는 개혁 클럽에서 휘스트 게임을 지나치게 오래하더니 결국 거액을 잃었다. 이 손실을 체스에 몰두하며 잊어버리기로 했다. 아래의 체스 판에는 A, B, C, D, E라는 글자가 킹, 퀸, 나이트, 룩, 비숍을 나타낸다(순서 무관). 사각형 안의 숫자는 그 사각형을 공격할 수 있는 말의 개수를 나타낸다. 이 정보로 A~E가 각각 어느 말인지 식별할 수 있겠는가?

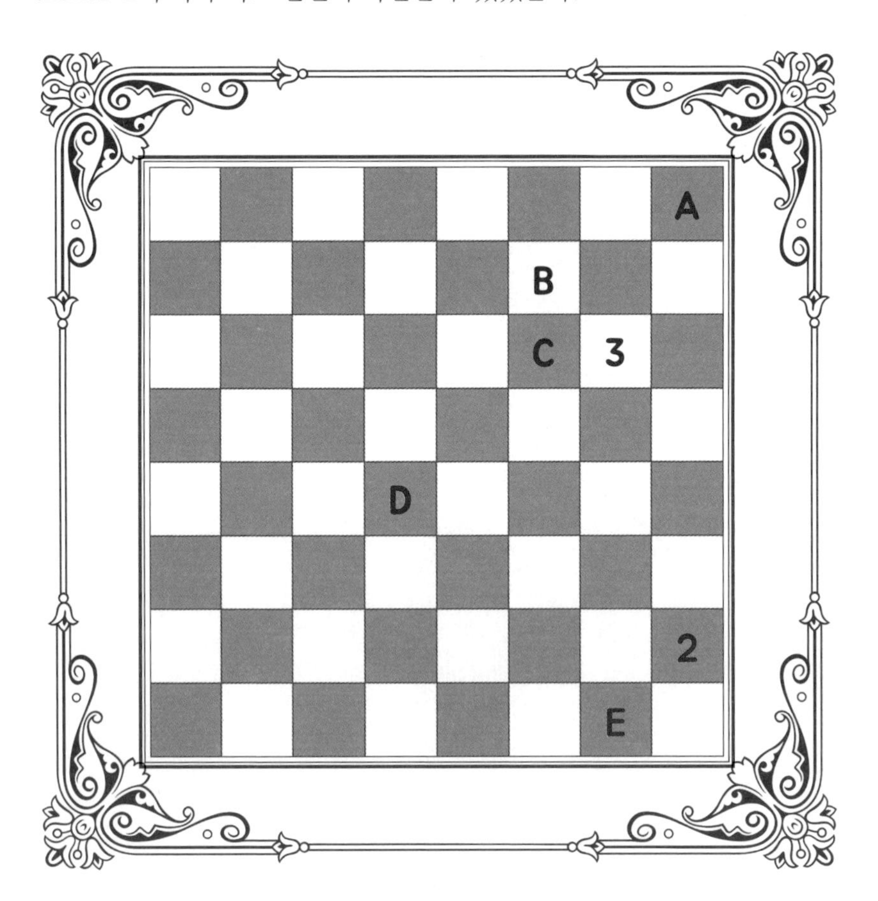

한 걸음씩 앞으로

수학

포그는 집을 나선 후 오른발을 왼발 앞으로 575번 내딛고, 왼발을 오른발 앞으로 576번 내디뎌 개혁 클럽에 도착했다. 파스파르투는 주인을 따라가며 각 발을 576번씩 내디뎠다.
파스파르투가 개혁 클럽까지 걸을 때 25퍼센트는 1피트 길이의 보폭으로, 50퍼센트는 1피트 2인치 길이의 보폭으로, 나머지 25퍼센트는 1피트 3인치 길이의 보폭으로 걸었다면, 개혁 클럽까지의 총 거리는 몇 마일인가? 1피트는 12인치, 1마일은 5,280피트다.

집에 대한 자부심

수평적 사고

빅토리아 시대의 한 신사가 자신의 첫 번째 집을 구매하고, 집에 필요한 물건을 사러 상점에 갔다. 상점에서는 3을 3페니에, 7을 3페니에, 18을 6페니에 팔고 있었다. 121의 가격은 얼마이고, 그가 사고 있는 것은 무엇일까?

수학을 재미있게

수학

일부 학생이 교사들에게 빅토리아의 수학책은 하나같이 내용이 건조하고 단순 계산만 다루고 있다고 말했다. 학생들은 조금 더 흥미로운 것을 원했다. 그러자 선생님은 학생들을 위해 다음과 같은 퍼즐을 고안했다.
숫자 1~9를 흰색 사각형에 한 번씩 배치하여 정확한 식을 완성한다. 행은 왼쪽에서 오른쪽으로 가로지르고, 열은 위에서 아래로 내려오며 계산한다. 시작하기 쉽도록 숫자 하나를 미리 적어놓았으니 풀어보자.

	+		÷		13
-		+		-	
	×		+		21
×		÷		×	
	+	2	+		15
20		5		-64	

사원의 내부

문제 해결

포그가 미래의 아내 아우다를 처음 만났을 때, 그녀는 미망인이라는 이유로 죽은 남편과 함께 화형당할 위기에 처했었다. 여행자들은 눈에 띄지 않게 그녀를 구출해야 했고, 이에 장 파스파르투가 사원으로 살금살금 들어가 군중 속에 섞였다. 이 사원 모양의 그리드 속에서 그가 어디에 숨어 있는지 찾을 수 있겠는가? '장JEAN'은 그리드에 한 번 있으며, 수평, 수직 또는 대각선으로 놓여 있고 앞으로나 뒤로 읽을 수 있다.

미로 속을 헤매다

문제 해결

직접 범죄를 해결해야 하는 사람들을 위한 교육 과정에서 픽스 형사는 다양한 모의 훈련을 받았다. 그중 특별히 까다로운 문제가 하나 있었는데 동료들도 쉽게 해결하지 못했다. 교육 강사들은 들판에 미로를 만들어 아래 보이는 화살표로 입구와 출구를 표시했다. 지침은 입구에서 시작해서 출구까지 걸어가는 것으로 간단했다. 그러나 그의 동료들 중 아무도 출구로 빠져나가지 못했다. 당신은 좀 더 잘할 수 있을 것 같지 않은가?

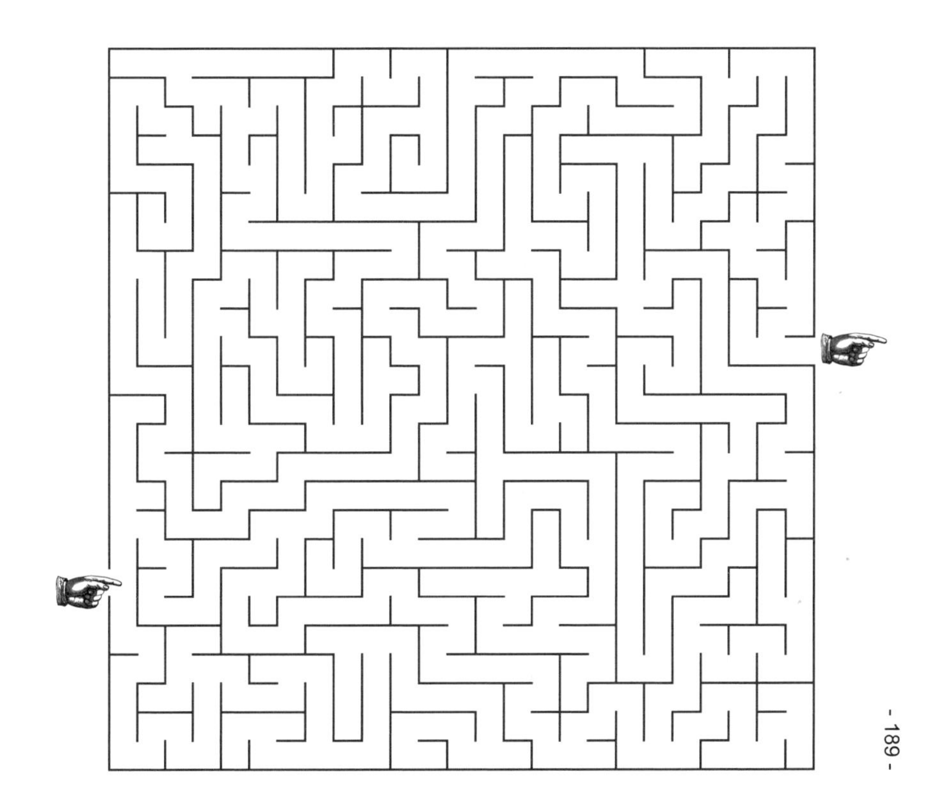

다트 던질 준비

문제 해결

빅토리아 시대의 펍에서는 운에 좌우되는 게임이 금지되었다. 그러나 20세기에 들어설 무렵 다트는 기술의 게임이라는 것이 입증되었고, 곧 펍에서 대중적인 인기를 끌었다. 다트 보드에는 숫자가 1~20까지 있고, 한 선수가 다트 하나를 던져 나온 숫자의 한 배, 두 배, 또는 세 배로 득점할 수 있는 싱글, 더블, 트리플 영역이 있다. 또한 25점을 받을 수 있는 가운데 원과, 그 두 배인 50점을 받을 수 있는 한가운데 점인 불스아이가 있다.

출전 선수는 자기 차례에 다트 세 개를 던지고 더블로 체크아웃(0점에 도달하는 것)해야 한다. 이때 선수가 체크아웃할 수 없는 가장 낮은 세 자리 점수가 얼마일까? 예를 들어 한 선수가 100점에서 체크아웃할 수 있는 방법은 여러 가지가 있다. 트리플-20점(40점 남음)과 더블-20점(0점에 도달)이 나오거나 아니면 불스아이가 두 번(50, 50) 나오는 것이다. 불스아이는 더블-25점이기 때문에 최종 체크아웃 샷으로 유효하다. 반면 50, 25, 25는 싱글(25)로 끝나기 때문에 체크아웃으로 유효하지 않다.

내기에서 졌다면

창의력

포그는 리버풀에서 런던으로 가는 기차를 가까스로 탔고, 결국 제시간에 도착하여 개혁 클럽 회원들과의 내기에서 승리한다. 하지만 그가 기차를 놓치고 내기에서 졌다면 상황은 많이 달라졌을지도 모른다. 포그가 내기에서 졌을 경우 어떻게 되었을지 창의력을 발휘하여 세 가지 시나리오를 짜보자. 그는 아우다를 부양하지 못하고 가난하게 살 수 밖에 없었을까? 아니면 다시 부를 쌓을 방법을 찾았을까?

짐을 가볍게

기억력

《80일간의 세계 일주》에서 발췌한 아래의 본문을 집중하여 읽는다. 그런 다음 본문을 다시 보지 않고 기억나는 대로 아래의 질문에 답해보자. 포그가 파스파르투에게 세계 일주를 위해 짐을 챙기라고 지시하는 대목이다.

"트렁크 같은 건 필요 없고, 작은 손가방 하나만 있으면 되네. 셔츠 두 장하고 양말 세 켤레만 넣게. 자네 것도 마찬가지야. 필요한 건 여행 도중에 사면 되니까. 내 비옷과 여행용 담요를 갖고 내려오게. 신발은 튼튼할 걸로 신고. 걸을 일은 거의 없겠지만. 자, 어서 준비하게!"
파스파르투는 뭔가 대답을 하고 싶었지만 아무 말도 나오지 않았다. 그는 포그의 방에서 나온 뒤 자기 방으로 올라가 의자 위에 털썩 주저앉으며 중얼거렸다.
"좋아, 그래, 좋다고! 난 정말 조용히 살고 싶었는데!"
그러고는 기계적으로 출발 준비를 시작했다. 80간의 세계 일주라니! 주인어른이 제정신이 아니었나? 그럴 리는 없지. 그럼 농담한 걸까? 도버에 가는 거, 좋아! 칼레, 그것도 좋다! 어쨌거나 지난 5년 동안 프랑스를 떠나 왔으니 고향 땅을 밟아보는 것도 그리 나쁠 건 없다. 어쩌면 파리까지 가게 될 수도 있고. 그러면 기쁜 마음으로 파리를 다시 볼 것이다. 주인어른은 걷는 걸 별로 좋아하지 않는 신사니까 틀림없이 그쯤에서 멈추겠지. 그래, 그럴 것이다. 하지만 이제까지 런던에만 있던 사람이 여행을 한다는 것만은 분명했다!
8시에 파스파르투는 주인어른과 자신의 옷가지를 넣은 단출한 가방을 꾸렸다. 여전히 얼떨떨한 마음으로 조용히 방문을 닫고 나와 포그에게로 내려갔다.

질문

1) 포그는 파스파르투에게 몇 벌의 셔츠와 양말을 챙기라고 했는가?
2) 파스파르투는 몇 년 동안 프랑스를 떠나 있었는가?
3) 파스파르투는 몇 시쯤 단출한 가방을 꾸렸는가?
4) 빈칸을 채워보자. 내 비옷과 __________를 갖고 내려오게. 신발은 튼튼할 걸로 신고.

5인 가족

수평적 사고

포그는 카르나틱 호에서 다양한 활동을 하며 시간을 보내고 있는 다섯 명의 형제를 우연히 만났다. 프레드가 혼자 카드놀이를 하는 동안 로버트는 책을 읽고 있었다. 한편 빌은 체스를 두었고 제임스는 스카치를 마시고 있었다. 다섯 번째 형제는 무엇을 하고 있었는가?

첫인상

인지

포그의 저택은 참으로 아늑했다. 어느 날 포그는 시, 분, 초, 일, 월, 년을 나타내는 복잡한 시계에 시선을 고정시키며 새로운 하인 장 파스파르투가 도착하기를 기다렸다. 파스파르투는 좋은 첫인상을 주고 싶었기에 도착한 즉시 집을 정리하기 시작했다. 그러나 포그가 워낙 깔끔하게 정리해놓아서 파스파르투가 할 게 거의 없었고, 아주 사소한 몇 가지만 바꾸어놓았다. 포그의 거실 사진 두 장에서 여섯 가지 다른 점을 찾아보자.

런던에서 수에즈로

문제 해결

여행의 첫 일정은 원래 계획대로 런던에서 이집트의 수에즈까지 가는 것이었다. '수에즈SUEZ'의 알파벳을 아래 그리드의 각 행과 열에 정확히 한 번씩 배치할 수 있겠는가? 빈 칸도 두 개씩 포함해야 한다. 그리드 바깥쪽의 알파벳은 해당 행과 열의 처음과 마지막에 들어가는 알파벳을 나타낸다.

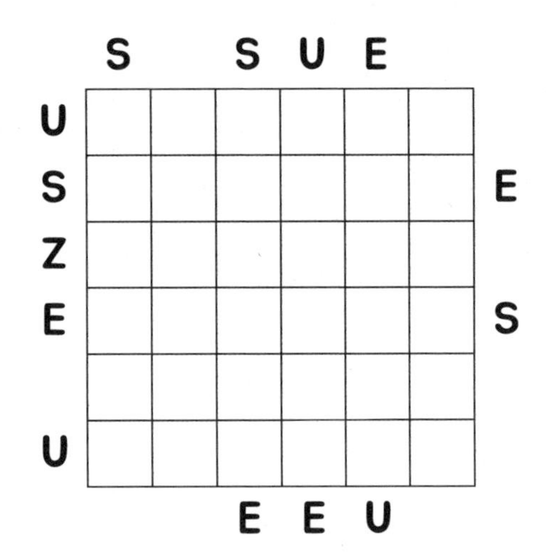

판사의 법률서

수평적 사고

판사 오바댜는 자신의 법률 지식이 최신 상태인지 확인해야 했다. 따라서 서기인 오이스터퍼프에게 최근의 법률 경향을 알 수 있는 다양한 책을 구해달라고 요청했다. 어느 날 오이스터퍼프는 오바댜 판사가 부탁한 법서를 들고 카운터 뒤에 있는 한 남자에게 다가갔다. "3페니 되겠습니다"라고 그 남자가 말했다. 오이스터퍼프는 정식으로 돈을 내고 떠났다. 하지만 책을 가지고 가지 않았다. 카운터 뒤의 남자는 이를 알았는데도 책을 가져가라고 부르지 않았다. 왜 그랬을까?

가스 소모

수학

세계 일주를 시작한지 얼마 되지 않아 파스파르투는 뭔가 찜찜한 기분이 들었는데, 가스등을 켜놓고 왔다는 것을 깨달았다. 포그는 이 말을 듣고 당연히 좋지 않은 기색을 내비쳤다. 그들이 런던으로 돌아왔을 때 가스등은 1,920시간이나 켜져 있었다. 만약 가스 회사가 90분마다 3페니씩 가스 요금을 부과했다면 파스파르투가 귀국했을 때 얼마가 청구되었을까? 파운드, 실링, 페니로 답해보자. 1실링에 12페니, 1파운드에 20실링이다.

나이트의 여정

문제 해결

개혁 클럽에서 앤드류 스튜어트는 존 설리번과의 체스 게임에서 지고 엄청난 좌절감을 느꼈다. 존 설리번에게는 항상 이겨왔기 때문이다. 여하튼 오늘은 설리반의 나이트가 체크메이트하려는 것을 알아차리지 못해 패배했다. 그날 일찍 그는 신문에서 나이트와 관련된 체스 퍼즐을 보았었다. 나이트가 움직이는 방식을 익혀서 다음에는 같은 실수로 패하지 않도록 이제 풀어보려고 한다. 당신도 같이 풀어보자.

나이트는 1이 적힌 진한 사각형에서 출발하여 100이 적힌 사각형까지 이동하는데, 그리드의 모든 사각형을 정확히 한 번씩 지나간다. 지나간 자리에 일부 번호를 매겨두었다. 체스판을 종횡무진 누빈 나이트의 여정을 온전히 재현하려면 나머지 사각형에도 숫자를 적어야 한다. 나이트는 가로로 두 칸 세로로 한 칸, 또는 세로로 두 칸 가로로 한 칸씩 이동할 수 있다.

28			35			68	9		
			32			3			
30		86	57		1	88			5
		39			96		66	11	70
26		48			89	84		54	65
		61	40			79			
42					63	100			
		43	92		80				
	45				93			52	75
21	18	23			16		76	73	14

모래뱀

문제 해결

빅토리아 시대의 용감한 모험가 두 명이 먼 나라의 사막을 횡단하던 중 모래가 움직이는 것을 본 것 같은 기분이 들었다. 가까이 가보니 거대한 뱀이 이리저리 꿈틀거리고 있었다. 뱀의 일부는 모래에 덮여 있었고 일부는 눈에 보였다. 그들은 무심코 뱀을 밟아 그 심기를 건드리지 않도록 조심했다.

뱀의 드러나지 않은 부분이 어디에 있는지 찾아 몸 전체를 그려보자. 꼬리는 A 지점에 있고 머리는 B 지점에 있다. 뱀은 하나의 연결된 선으로서 사각형을 통과하거나 사각형 안에서 직각으로 회전할 수 있다. 그리드 바깥의 숫자는 주어진 행이나 열에 뱀의 몸을 포함하는 사각형의 수를 나타낸다.

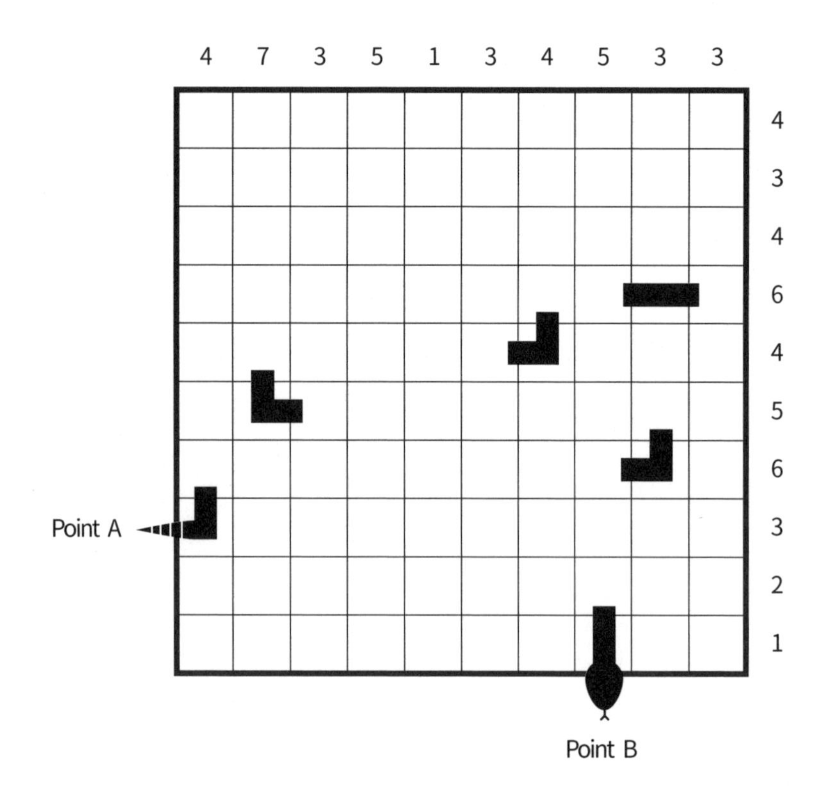

패턴 인지

문제 해결

포그는 아우다에게 런던에 있는 그의 안락한 집에 대해 이야기하면서 하루라도 빨리 자신의 집을 보여주고 싶다고 했다. 또한 실내 장식도 묘사해주었는데, 아우다는 화려한 양탄자를 깔면 다소 칙칙함이 느껴지는 집에 활력이 생길 것이라고 조언했다. 포그는 그 자리에서 화려한 양탄자 무늬를 고안했고, 파스파르투에게 집에 도착하면 바로 만들 수 있도록 준비하라고 지시했다. 포그는 경제 분야 전문가인지라 아무래도 양탄자의 무늬를 완벽히 구성하지는 못했다. 그 대신 아래의 도식을 파스파르투에게 건네주며 다음 규칙에 따라 양탄자의 패턴을 완성하도록 요청했다.
나머지 사각형을 모두 칠하여 포그가 원하는 양탄자 패턴을 표현해보자.

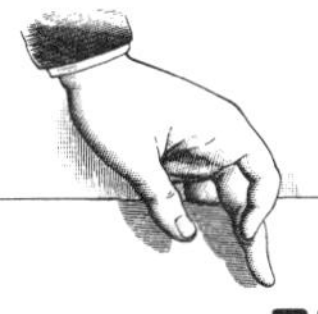

규칙

굵은 선 안에 들어 있는 네 개의 사각형은 연한 파란색, 진한 파란색, 연한 빨간색, 진한 빨간색이어야 한다.
각 행과 열에는 네 가지 색깔의 정사각형이 두 개씩 있어야 한다.
같은 색의 정사각형끼리 수평 또는 수직으로 맞닿을 수 없다.

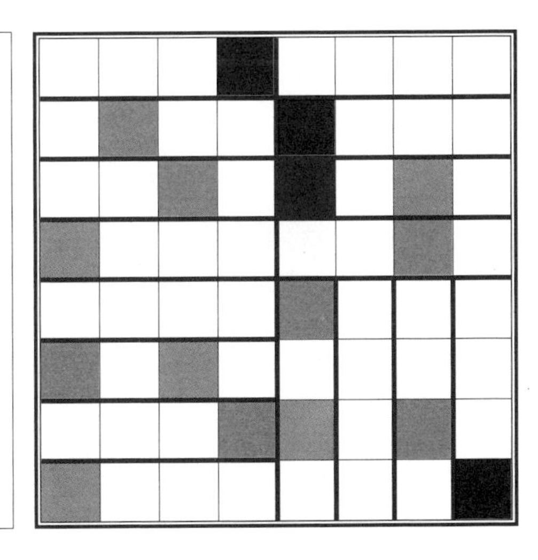

금고 속 마술

수평적 사고

두 명의 라이벌 마술사인 미스티코와 아브라 카다브라는 영국 '1등 마술사'라는 타이틀을 놓고 경쟁했다. 미스티코는 뛰어난 마술을 선보여 극찬을 받았는데, 아브라 카다브라는 이 마술의 작동 원리를 알아내고 싶었다. 그는 미스티코의 사무실에 침입하여 금고를 열려고 했다. 하지만 아무리 애를 써도 네 자리 암호를 풀 수 없었다. 이 퍼즐을 풀어 암호를 밝혀보자.

그리드 가장자리의 숫자는 각 행과 열에 몇 개의 사각형을 색칠해야 하는지 나타낸다. 빨강과 파랑 두 가지 색깔이 있다. 예를 들어 행 또는 열의 시작 부분에 2(파란색), 2(빨간색)가 있으면, 0개 이상의 빈 칸, 그다음 파란 사각형 2개, 그다음 0개 이상의 빈 칸, 그다음 빨간 사각형 2개 그리고 그 행의 끝까지 남은 사각형은 빈칸이라는 의미다. 행이나 열에 같은 색깔의 숫자 사각형이 붙어 있는 경우, 그 사이에 빈 칸이 하나 이상 있어야 한다는 점에 유의하자. 따라서 2(파란색), 2(파란색)인 경우 파란 사각형 사이에 빈 칸이 적어도 하나는 있어야 한다.

과일 샐러드

수학

포그는 과일 샐러드를 만들기 위해 파스파르투를 식료품점에 보내 신선한 과일을 사 오게 했다. 저울에 무게를 재보니 사과 한 개의 무게는 바나나 두 개의 무게와 같았다. 바나나 한 개의 무게는 포도 12개, 체리 8개의 무게와 같았다.

이 점을 감안할 때 :
a) 사과 두 개의 무게는 체리 몇 개의 무게와 동일한가?
b) 저울 왼쪽에 바나나 두 개와 포도 여섯 개를 올렸다면, 오른쪽에 체리 몇 개를 놓아야 균형이 맞는가?

다음에 올 숫자는?

수학

포그는 자기가 저지르지도 않은 범죄로 감옥에 갇힌 데다 개혁 클럽 회원들과의 내기에서 질 게 뻔히 보이자 충격에 휩싸였다. 도대체 다음에는 또 무슨 일이 일어날지 몰라 의기소침해졌다! 아래의 연속된 숫자를 보고 다음에 어떤 숫자가 올지 추론해보자.

468	464	116	112	28	24	6	

별이 달린 열기구

인지

아래 다섯 개의 열기구를 자세히 관찰해보자. 다음 순서에 올 것은 A, B, C, D 중 어느 것일까?

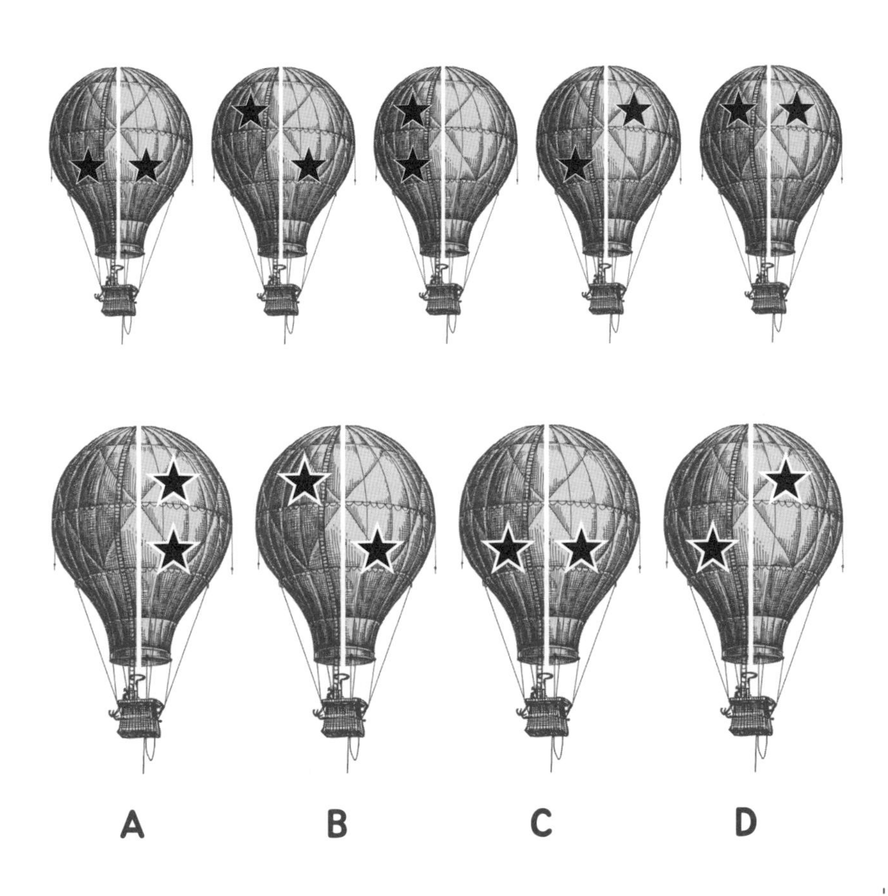

필리어스 포그

문제 해결

파스파르투는 필리어스 포그의 새 하인으로 고용되어 기뻤다. 그 전까지 '필리어스'라는 이름을 들어본 적이 없었기에 그 이름과 철자에 익숙해지려고 여러 번 적어보았다. '필리어스PHILEAS'의 각 철자가 각 행과 열에 한 번씩 들어가도록 아래의 그리드를 완성할 수 있겠는가?

		I				S
E	H		I			
	S	L				
H			S			A
				A	P	
			P		S	I
A				P		

여행에 지쳐가다

수학

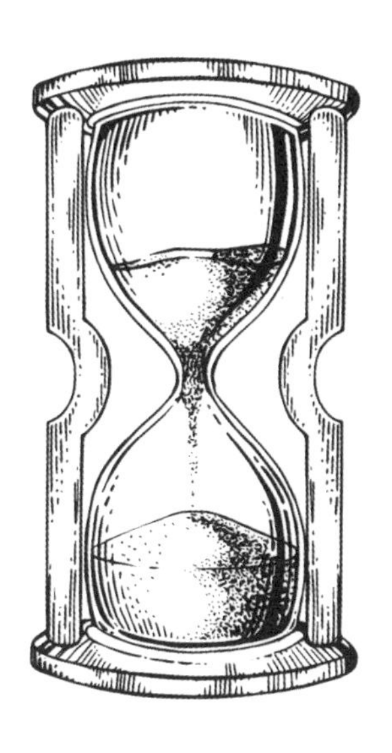

파스파르투는 동료 여행자들과 마찬가지로 매일 밤 잠을 청하기가 점점 더 어려워지고 있었다. 집에서는 하룻밤에 8시간을 푹 잘 수 있었지만, 여행의 중간 즈음에서는 하룻밤에 4시간밖에 자지 못했다. 한 의사가 수면제를 처방해주었는데, 최대 일주일 동안 수면 시간을 하룻밤에 정확히 5퍼센트씩 늘릴 수 있다고 보장했다. 따라서 수면 시간에 대한 5퍼센트가 매일 밤 증가하여 총 수면 시간도 그만큼 늘어날 것이다. 하지만 일주일이 지나면 몸이 수면제에 적응하여 더 이상의 효과가 없을 수 있다. 파스파르투가 연속 5일 동안 알약을 복용했다면 5일 후에는 하룻밤에 5시간보다 더 많이 잘까 아니면 더 적게 잘까? 아니면 정확히 5시간을 잘까?

숫자 십자 풀이

문제 해결

아래 숫자들을 옆쪽 그리드의 빈칸에 채워서 숫자 십자 풀이를 완성해보자. 모든 숫자를 올바르게 넣을 수 있는 방법은 한 가지뿐이다. 완성한 후 네 개의 연한 빨간색 사각형에 나타나는 숫자가 80일과 어떤 연관이 있는지 생각해보자.

3 Digits	4 Digits	5 Digits	6 Digits	7 Digits
031	0986	16046	034359	0677783
140	2237	16760	213222	1651063
157	2414	17424	276252	2321768
194	2642	23290	324234	7283448
355	2787	23342	408208	
356	3674	25312	700412	
370	3763	43977		
373	3906	44735		
434	3914	48811		
476	4029	84593		
478	4093	86366		
481	4978	87731		
508	5287			
556	5478			
665	6360			
674	6933			
700	7855			
717	8875			
774	9027			
838	9749			
847				
895				

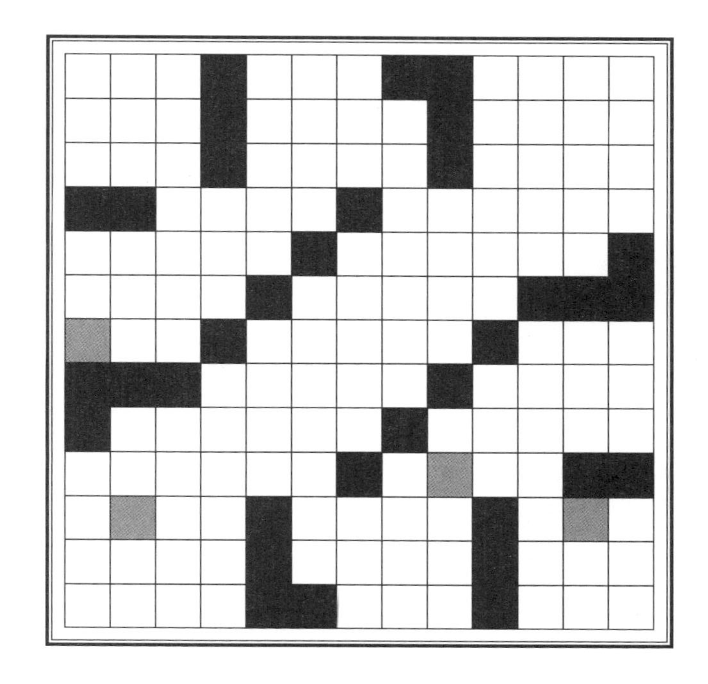

동전 나누기

수평적 사고

스피디 선장은 어느 날 저녁 헨리에타 호 선실에 들어가 궤짝에 든 동전을 세고 있었다. 그 순간 큰 파도가 배에 부딪쳐 모든 동전이 바닥에 떨어졌고 촛불마저 바닥으로 넘어지며 불꽃이 꺼졌다. 그는 참 운도 없다고 중얼거리면서 캄캄한 어둠 속에서 무릎을 꿇고 동전을 쓸어 모았다.

바닥에는 총 80개의 동전이 있었는데, 그중 60개는 앞면이 위로 나머지 20개는 뒷면이 위로 떨어졌다. 뒷면이 위로 떨어진 동전의 수가 똑같도록 동전을 두 더미로 나누어보자. 선실은 완전히 캄캄해서 동전을 볼 수 없다. 또한 동전 앞뒤를 구별하기 위해 만져보거나 다른 방법을 사용하지 않는다고 가정해보자.

세계의 발령지

수평적 사고

영국 외교관 헨리 세인트 존은 회고록을 쓰고 있었다. 빅토리아 시대의 외교관을 비롯한 선임 외교관들의 이력과 부임지에 관한 글을 읽으면서 당시 그들의 경험이 자신의 경험과 얼마나 다른지 놀라워했다. 세인트 존은 임기 동안 여러 나라에 발령을 받았었다. 그의 첫 부임지는 브라질이었고, 그다음으로는 중국, 미국 그리고 캐나다가 뒤를 이었다. 은퇴 전 그의 마지막 부임지는 어디였을까?

작은 세상

수학

어느 날 파스파르투의 발이 아프기 시작했다. 짧은 시간 동안 너무 많이 돌아다녔기 때문이 분명했다. 세상이 실제보다 작다면 더 빨리 일주를 마쳤을 거라는 상상도 아쉬운 대로 해보았다. 만약 지구가 30퍼센트 더 작다면 지구 둘레는 약 몇 마일일까? 실제 지구의 지름은 7,920마일이고, 파이=3.1416으로 계산해보자.

불평등한 세상

문제 해결

두 명의 가정부가 빅토리아 시대의 삶에 불평등한 요소가 얼마나 많은지, 그리고 자신들의 삶은 주인 가족의 삶과 결코 같을 수 없다는 것에 대해 토론하고 있었다. 아래 퍼즐에서 불평등을 해소할 방법을 찾아보자.
숫자 1~6이 각 행, 열 및 굵은 선의 3 × 2 상자에 한 번씩 들어가도록 채워보자. 부등호는 사각형 안의 숫자가 옆의 숫자보다 큰지 작은지 보여준다. 예를 들면 2 〈 3 (2는 3보다 작음)과 3 〉 2 (3은 2보다 큼)이다.

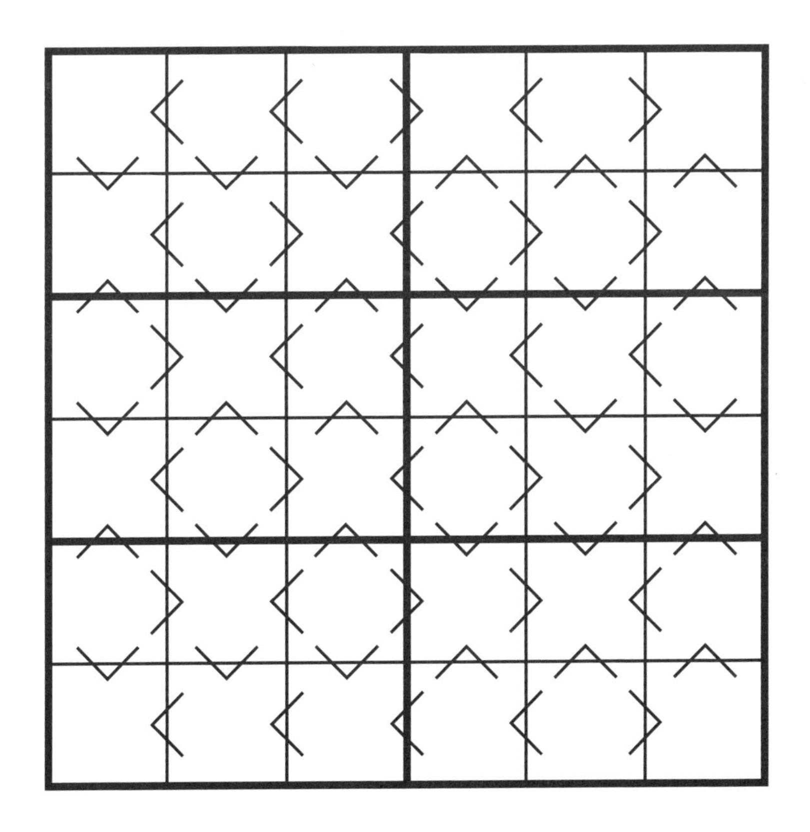

의미 있는 연도

문제 해결

80일간의 세계 일주 후 수년이 지난 어느 날 밤, 포그가 개혁 클럽에 나간 사이 그의 집에 도둑이 들었다. 도둑은 포그의 서재에서 네 자리 암호를 정확하게 입력해야 열리는 금고를 발견했다. 아래의 정보를 사용하여 금고의 암호가 무엇인지, 그리고 그 의미가 무엇인지 알아내보자.

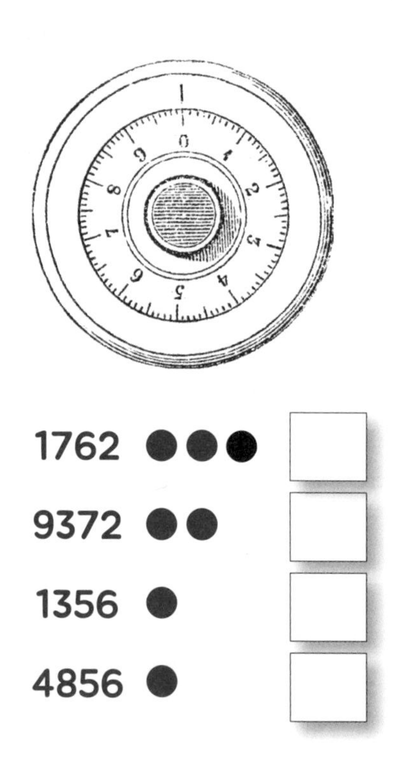

금고의 암호는 0~9 사이의 네 자리 숫자다. 단, 숫자가 반복되어서는 안 된다. 예를 들어 4166은 유효하지 않다. 파란색 점은 그 줄의 숫자가 금고의 암호와 숫자도 같고 위치도 같음을 나타내고, 빨간색 점은 그 줄의 숫자가 금고의 암호와 숫자는 같지만 위치가 같지 않음을 나타낸다. 금고의 네 자리 암호는 무엇일까?

성처럼 커다란 집을 구입한 영국 신사

문제 해결

빅토리아 시대의 한 부유한 신사는 최근 성처럼 커다란 집을 구매하고 그 과정을 친구들에게 자랑하고 있었다. 저택의 1층은 여러 개의 직사각형 방으로 나누어져 있었다.

방의 모양을 파악하여 경계선을 굵게 그어보자. 방마다 그 방이 포함하고 있는 정사각형 개수가 적혀 있다. 예를 들어 '12'는 그 방 안에 1 × 1의 점선 정사각형 12개가 들어 있다는 의미이고, 방의 모양은 직사각형 또는 정사각형이 된다. 모든 숫자가 그리드에 이미 적혀 있으니 각 방의 모양을 잘 추론해보자.

					12		3		
									15
				3					
				7					
						2		2	2
			9		2	2			
9	18								
2			2		10				

빅토리아 시대의 발명품

인지

빅토리아 시대의 유명한 발명품이 조각조각 나뉘었다. 머릿속으로 재배열하여 무엇인지 맞혀보자. 어떤 조각은 회전되었을 수도 있다.

나비야 나비야

인지

어느 날, 아우다와 포그는 아름다운 꽃이 가득 핀 들판을 산책하고 있었다. 그때 아우다가 한 무리의 나비를 발견했다. 아래의 나비와 똑같은 나비는 A~F 중 어느 것일까?

열에 하나

문제 해결

개혁 클럽 회원들은 포그와 거액의 내기를 건 것에 무척 만족스러워했다. 포그가 80일 안에 여행을 마칠 가능성은 매우 희박하기 때문이었다. 어떤 회원은 그 미션을 완수할 가능성이 열에 하나라고 예측했다.

이 퍼즐에는 작은 원이 있고 그 안에 10이 적혀 있다. 10은 인접한 사각형 두 개의 숫자를 더한 값이다. 숫자 1~9를 각 행, 열 및 굵은 선의 3 × 3 상자에 한 번씩 넣어 이 퍼즐을 풀 수 있겠는가?

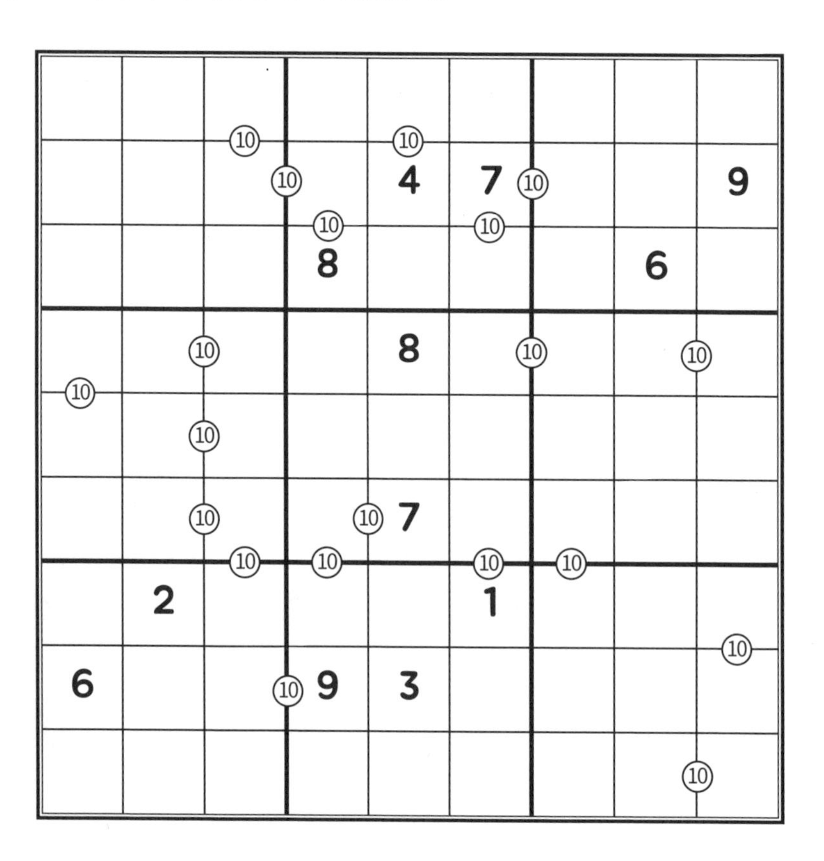

카드 배치

문제 해결

포그의 몇 안 되는 취미 중 하나는 휘스트 게임이고 개혁 클럽에서 하면 자주 이겼다. 사실 카드 게임은 뭐든 좋아했다. 어느 날 클럽에 비치된 신문에서 아래의 퍼즐을 보고 도전해보기로 했다. 당신도 함께 풀어보자.

클로버, 다이아몬드, 하트, 스페이드의 6, 7, 8, 9 카드 16장을 그리드에 한 장씩 배치한다. 각 행과 열에 4개의 다른 숫자 카드, 다른 모양 카드가 한 장씩 있어야 한다. 따라서 각 행과 열에는 6, 7, 8, 9 및 클로버, 다이아몬드, 하트, 스페이드가 일련의 순서로 들어간다. 시작에 도움이 되도록 몇 장을 미리 배치해두었다.

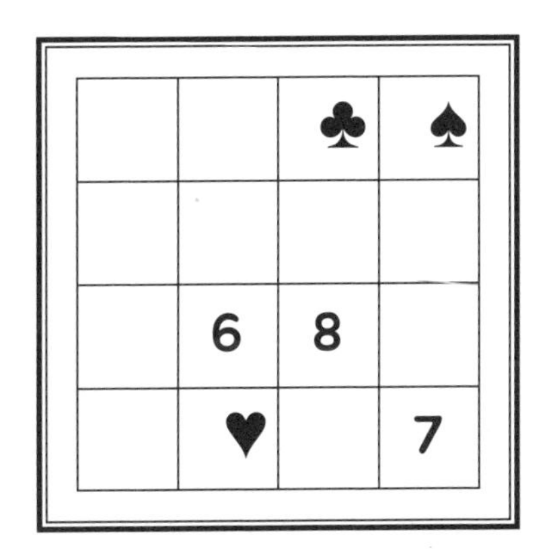

	6	7	8	9
♣				
♦				
♥				
♠				

클로버 6부터
스페이드 9까지의 카드를
위 그리드에
놓을 때마다
여기에 체크 표시를 한다.

성공한 내기

수학

포그는 신혼 시절 아우다를 경마장에 데려갔다. 마권업자들은 첫 번째 경주에서 가장 인기 말인 '따 놓은 당상'에 다양한 배당률을 내놓았다. 아래의 배당률 중 가장 큰 수익을 내는, 즉 가장 성공한 내기는 어떤 것일까?

a) 100/30
b) 3/1
c) 7/2
d) 15/8
e) 17/5

80걸음의 미로 여행

문제 해결

필리어스 포그와 여행 동료들은 80일 만에 간신히 세계 일주를 마쳤다. 이 미로를 정확히 80걸음에 통과할 수 있겠는가?

미로 안에서 위, 아래, 왼쪽 또는 오른쪽으로 움직일 때마다 한 걸음으로 계산된다. 미로에는 장애물이 되는 암석이 몇 개 있다. 암석을 넘는 데는 다섯 걸음이 들기 때문에 암석이 있는 곳을 통과할 때마다 다섯 걸음을 추가해야 한다. 미로를 통과하는 방법은 여러 가지가 있지만, 정확히 80걸음으로 빠져나가는 방법은 한 가지뿐이다. 미로 속으로 들어가는 첫 번째 걸음과 출구로 나가는 80번째 걸음에는 표시를 해두었다. 자, 이제 미로를 빠져나가보자.

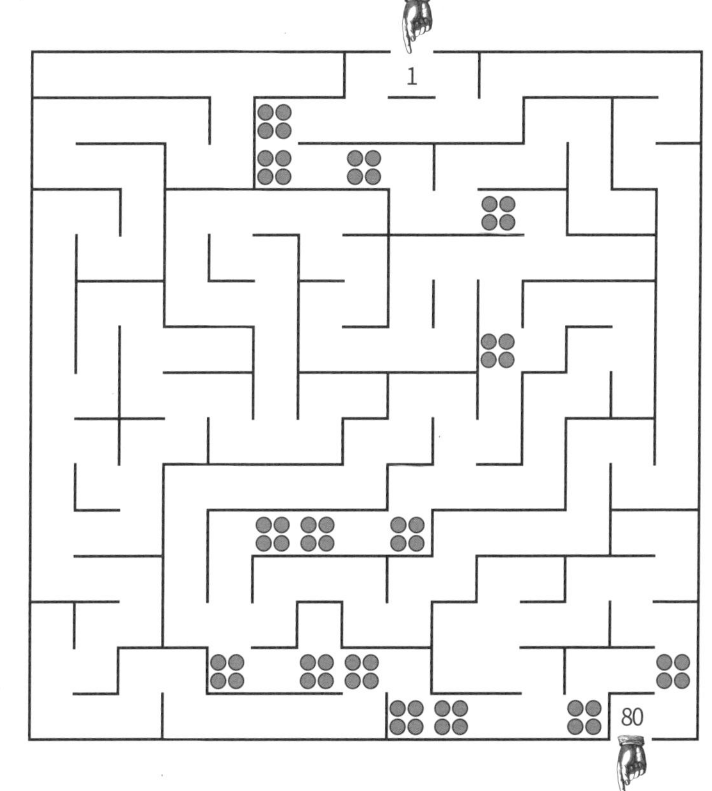

동물 농장

인지

빅토리아 시대의 한 농부가 들소 한 무리를 비롯해 특이한 동물을 몇 마리 키우고 있었는데 농장을 방문한 가족들에게 매우 인기가 많았다. 여섯 마리의 동물이 들판에 나와 있다. 농부가 아끼는 들소와 일치하는 소는 A~F 중 어느 것일까?

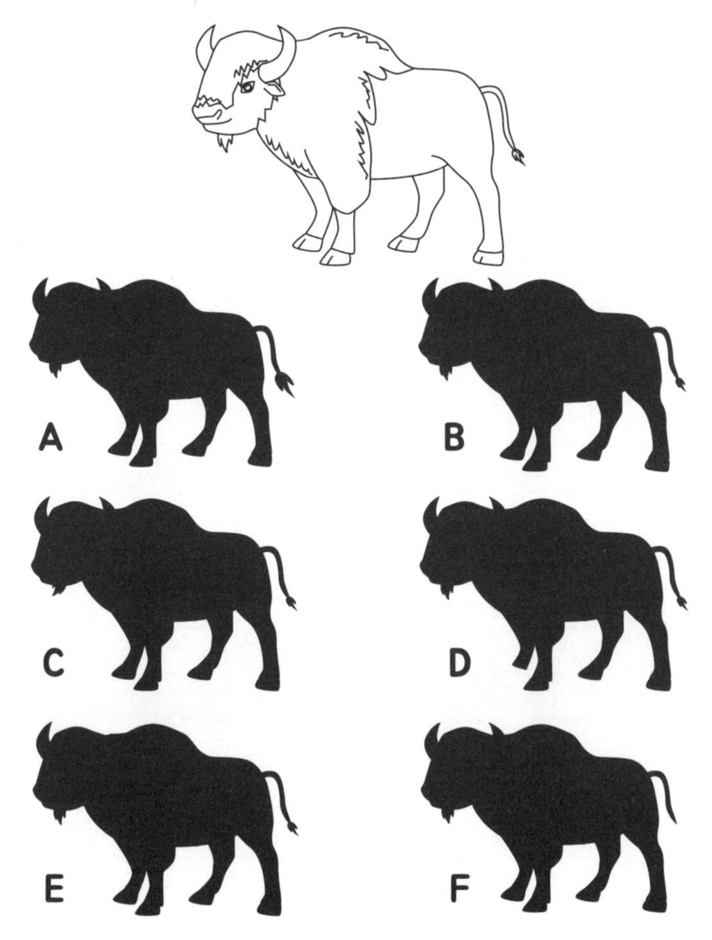

쥘 베른

문제 해결

《80일간의 세계 일주》의 저자 쥘 베른은 낭트에서 태어났다. 그의 이름 '쥘 JULES'의 철자가 아래 그리드의 각 행, 열 및 굵은 선의 상자에 한 번씩 놓이도록 배치할 수 있겠는가?

	E			J
J				U
L			J	

늦으면 안 돼!

문제 해결

파스파르투는 주인어른이 몇 시에 항구에서 만나자고 했는지 정확히 기억나지 않아 식은땀이 났다. 아무리 생각해봐도 “6시 10분 전에 만나자”라고 했는지, “6시 10분에 만나자”고 했는지 알 수 없었다. 늦게 가면 까다로운 주인과 마찰이 생길 것이었다. 또한 몹시 추운 날씨에 굳이 추위에 떨며 기다리고 싶지 않았다.

그리드의 숫자 중 9의 배수를 찾아 색칠해보자. 아래의 두 시계 중 어느 시계가 포그를 만나야 하는 시간인지 알게 될 것이다.

37	130	54	171	45	198	180	45	36	27	23	194	49	157	112
21	129	90	81	99	54	45	72	99	153	171	118	88	138	107
21	182	100	96	84	66	112	106	145	27	45	63	174	24	165
50	196	194	52	12	7	79	127	166	171	72	144	141	173	44
129	102	190	157	89	15	145	149	81	54	45	140	196	145	107
119	178	148	15	46	143	147	36	117	90	45	141	94	79	74
70	94	192	112	172	16	171	9	189	153	150	29	157	105	128
11	104	8	71	131	45	18	144	125	35	1	103	199	23	195
122	100	47	68	36	18	126	95	192	160	103	115	113	157	40
183	95	167	81	72	81	175	83	20	47	30	169	179	177	30
20	8	45	99	45	88	167	190	33	172	142	17	192	25	16
29	108	198	180	28	182	166	33	55	15	94	184	56	159	98
21	81	45	99	78	168	166	89	3	78	33	83	8	101	151
33	36	72	45	135	198	144	171	90	99	162	171	146	106	67
97	180	180	63	180	108	117	9	126	36	189	18	115	190	29

모양 변화

기억력

픽스는 형사라는 직업적 특성상 기억력과 집중력을 최상의 상태로 유지하기 위해 정기적으로 훈련을 해야 했다. 아래 퍼즐을 풀면서 세부 사항에 대한 기억력과 집중력을 길러보자. 10초 동안 상단의 이미지를 보고 사각형 색깔의 패턴을 기억한다. 그런 다음 아래의 이미지를 가리고 같은 것을 1~4 중에 찾아보자.

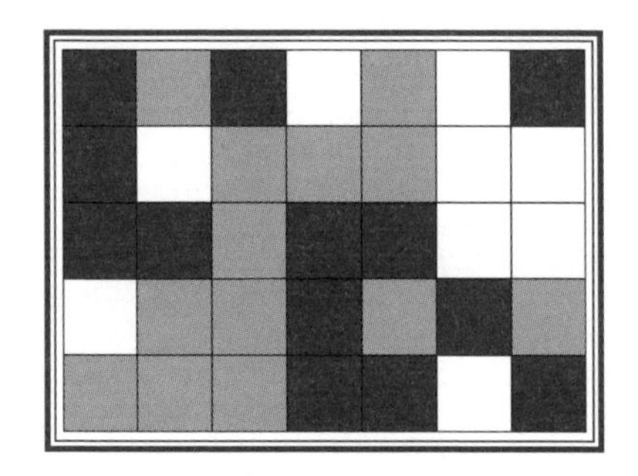

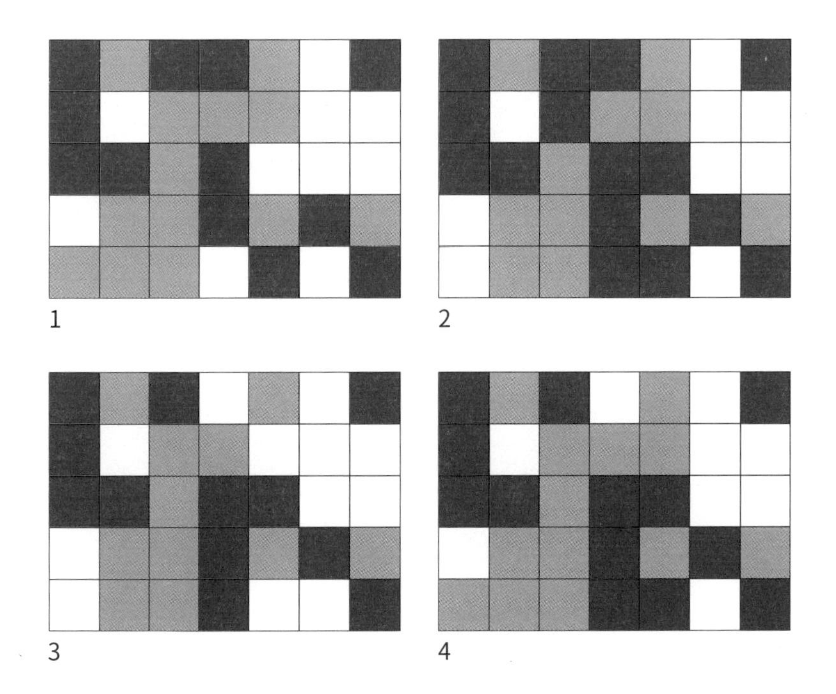
1
2
3
4

정답

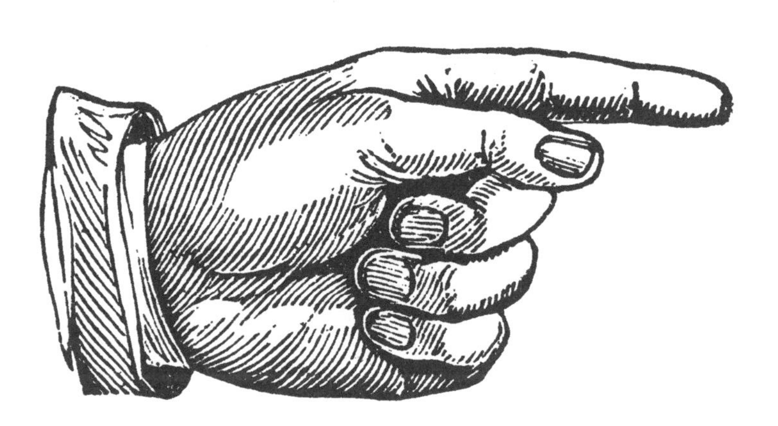

방 안의 코끼리

자전거 위에서

기술 1: 5점

기술 2: 8점

기술 3: 2점

기술 4: 6점

얼룩말 횡단

7

하늘을 나는 사람

12미터까지 날았다.

쇼핑 목록

총 소비액: 14실링, 3¾올드페니

거스름돈: 5실링, 8올드페니, 1파딩

네 바퀴의 번성, 두 바퀴의 쇠락

이름	바퀴수	등수
버트람	4	2
세실	3	3
에드먼드	2	1

전력 질주

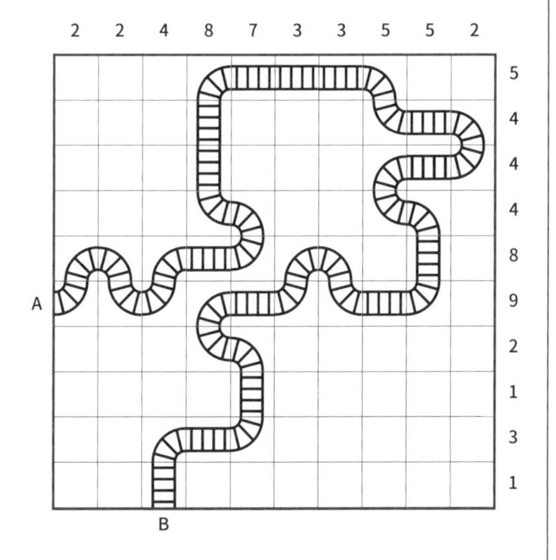

지도에서

금요일이다. 어제 전날의 다음 날은 그냥 어제이고, 내일 다음 날의 전날은 그냥 내일이기 때문이다.

침묵의 마부

마부는 청각장애인이지만 그의 옆에 들을 수 있는 사람이 타고 있었다. 따라서 포그는 그 친구에게 가고 싶은 곳을 말했고, 친구는 마부에게 수화로 알려주었다.

색다른 구슬 게임

	2	3	4	5	6	7	8	9	10
11	12	13	14	15	16	17	18	19	20
21	22	23	24	25	26	27	28	29	30
31	32	33	34	35	36	37	38	39	40
41	42	43	44	45	46	47	48	49	50
51	52	53	54	55	56	57	58	59	60
61	62	63	64	65	66	67	68	69	70
71	72	73	74	75	76	77	78	79	80
81	82	83	84	85	86	87	88	89	90
91	92	93	94	95	96	97	98	99	100

주사위 굴리기

파스파르투의 예측은 틀렸다. 두 개의 주사위 중 적어도 하나가 5나 6이 나올 확률은 약간 더 높다. 아홉 번 중 다섯 번 확률로 파스파르투가 커피를 가져오게 될 것이다.

확률은 1/3 + (2/3 x 1/3) = 5/9, 즉 0.555…

또는 36가지의 경우를 모두 써놓고, 5나 6이 포함된 것을 세어도 된다.

암호명

GQJK . 첫 글자를 알파벳 순서에서 하나 다음 글자로 바꾸었고, 두 번째 글자를 알파벳 순서에서 두 개 다음 글자로 바꾸었고(즉 A는 B로 바꾸고, B는 D로 바꾸는 식), Z까지 가면 다시 A로 돌아온다.

미행

시속 6마일로 1마일을 달리면 한 시간의 1/6, 또는 10분이 걸린다. 시속 2.5마일로 1마일을 걸으면 24분이 걸린다. 따라서 총 소요 시간은 34분이다.

개와 뼈다귀

B

바다 위 미로

양 세기

191. 이전 숫자에 2를 곱한 후 1을 더한다.

홍콩에서 상하이로

B	U	B	B	Y	S	B	Y	S	Y	B	S	S	U	B
S	S	B	Y	N	Y	U	N	U	U	Y	B	B	Y	B
B	N	B	S	Y	U	S	N	U	U	B	B	U	B	Y
B	N	N	B	N	U	S	B	B	S	S	N	Y	N	N
B	B	S	B	S	Y	U	Y	B	B	U	B	B	B	B
S	N	N	B	Y	U	B	B	B	B	N	B	Y	B	Y
B	B	U	B	B	Y	B	B	U	B	B	Y	S	B	N
S	B	B	B	B	B	S	Y	U	S	B	S	Y	B	U
N	B	B	B	U	N	Y	U	S	N	S	Y	S	Y	Y
B	B	S	S	B	Y	Y	Y	S	B	S	U	N	Y	B
Y	S	N	B	B	U	U	S	S	U	N	N	S	U	Y
S	N	B	B	U	Y	S	U	U	U	S	Y	N	B	N
B	Y	U	N	B	Y	B	Y	B	Y	U	B	U	B	B
N	B	Y	Y	B	N	N	U	U	B	N	B	N	U	N
Y	U	U	B	S	U	S	N	B	S	Y	S	B	Y	Y

서커스에서

빅토리아 시대 스포츠

의문의 물체

빅 애플

1번 손: 파스파르투 (바나나)

2번 손: 포그 (사과)

3번 손: 아우다 (오렌지)

세계 관광

알버트는 8월 20일에 돌아왔다.

'필리어스'의 'P'

8	5	7	9	3	9	9	9	0	9	7	9	0	5	5
1	3	0	9	6	4	7	6	6	1	8	3	3	8	3
5	8	7	9	3	5	4	5	5	9	5	5	7	7	0
8	5	1	9	8	2	5	1	2	7	1	3	0	9	7
0	5	3	1	0	5	3	3	2	3	0	4	9	0	5
5	5	2	5	3	9	4	1	1	6	4	3	0	7	8
8	1	8	0	7	8	0	4	7	9	9	4	3	4	5
0	2	4	8	0	3	8	5	7	4	9	6	2	1	6
9	5	4	1	1	7	9	5	9	9	9	1	1	8	3
0	9	7	1	4	5	1	5	8	8	0	4	5	6	1
3	4	1	2	6	9	8	4	2	2	1	2	0	5	5
6	2	2	4	3	6	4	4	9	4	4	0	1	4	1
4	9	2	0	2	6	2	1	8	3	1	1	4	7	9
3	3	5	9	2	6	2	1	2	5	9	2	9	6	7
4	6	1	2	1	3	1	8	1	3	7	5	8	6	8

빛을 밝히라

45개의 가로등. 월과 일에 해당하는 숫자를 곱한다(1월=1 … 12월=12).

거울 이미지

보기 ②

현명한 내기?

두 개의 주사위를 굴려 나오는 경우는 36가지다. 두 수의 합이 7을 초과하는 경우가 15가지이고, 7 이하인 경우가 21가지다. 15/36가 18/36보다 작기 때문에 내기에 이길 확률은 50퍼센트 미만이다.

안개 속 결정

포그는 한 척을 제외한 모든 배 주변을 갈매기들이 맴돌고 있는 장면을 운 좋게 포착했다. 이것을 보고 갈매기들이 맴도는 배가 어선이고 맴돌지 않는 유일한 배가 자신이 찾는 여객선이라고 구별했다.

확률은 얼마일까?

매우 낮은 확률이지만 회색 양말 이전에 검은 양말과 파란 양말을 먼저 꺼낼 수 있다. 따라서 파스파르투가 모든 색깔의 양말을 적어도 한 켤레 이상 꺼내기 위해서는 20켤레의 양말을 꺼내야 한다.

배 모양

둥글게 둥글게

글래드스턴Gladstone. 1868년과 1894년 사이에 12년 동안 영국의 수상을 지냈다.

고기 만찬

돼지고기 파이 56개, 소시지 84개

대박람회

총 44명이므로 그중 19명이 여자다.

많은 물병

339 in^3

(부피= 파이 x r^2 x h)

무고한 사람

열기구 경기

이름	색깔
해리	파란색
데이비드	초록색
어니스트	분홍색
로이	회색

사진에서

이름	코트 색상	단추 개수
조	초록색	3
저티	갈색	2
헤이즐	검정색	4

여름휴가지에서

샌드위치 값 2½ + 2½ + 1½ + 2 = 8½ 페니 + 음료 4페니 + 케이크 2페니 = 총 14½ 페니, 즉 1실링 2½페니다. 따라서 1파운드에서 남긴 거스름돈은 18실링 9½페니다.

왕족 찾기

B									B	A									R
Q	F	A						O	N	T	N						G	U	R
O	Q	T	Y				T	N	Y	K	E	M				T	A	L	T
B	J		G	A		F	E	E		W	F	E	J		E	A		M	Z
E				L	H	T	F				G	O	D	T	R				L
N	R		R	L	E	T	A	Z		M	A	O	T	I	N	N		E	Y
I	O	T	P	E	N	X	E	E	N	S	R	O	E	T	A	H	T	N	R
L	N	I	X	B	Z	E	O	B	E	S	L	F	N	R	T	L	L	A	A
O	A	A	M	A	T	I	L	D	A	R	T	X	M	S	I	U	E	J	M
R	E	P	U	S	U	Y	O	R	A	Z	Q	H	L	Z	I	C	K	D	Z
A	L	T	J	I	U	A	P	H	V	A	I	R	O	T	C	I	V	Y	A
C	E	R	H	L	U	S	C	B	W	Z	O	L	V	C	P	P	U	A	R
P	S	O	O	T	E	R	A	G	R	A	M	R	E	W	U	F	O	I	A

54일간의 세계 일주

32.5퍼센트 감소하였다. ((80-54)/80) x 100

지구에서 찾기

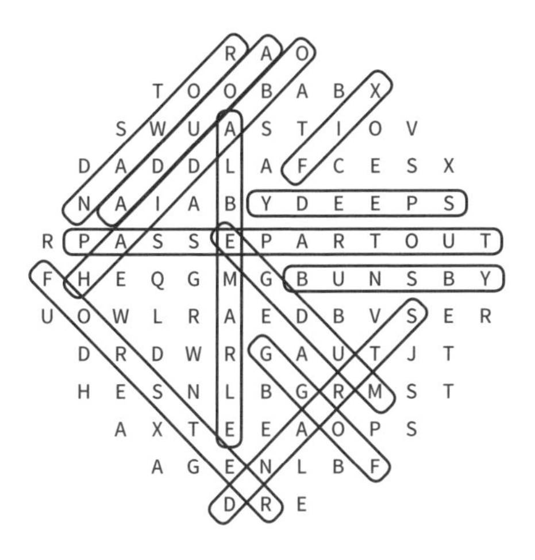

오래된 질문

1836. 첫 번째 숫자와 마지막 숫자를 더하면 7이 된다고 했으므로, 하나는 홀수이고 하나는 짝수이다. 따라서 두 번째 단서에 의해 두 번째와 세 번째 숫자 역시 하나는 홀수이고 하나는 짝수여야 한다. 6 x 4, 7 x 3, 5 x 5는 두 번째 단서에 어긋나서 안 되고, 세 번째 단서까지 유효한 것은 8 x 3이다.

가자, 수영하러

조지의 몸무게는 11스톤 9파운드다.

빙하 주의

2			1	1	3	▲	▲		0
▲	▲			▲		▲		2	
4	▲	▲	3			1		3	▲
▲	3			▲				▲	▲
	1				1			▲	4
		0			0			2	▲
	2				0			2	
	▲	▲					▲		
		2		2	3	4	4	▲	
0			1	▲	▲	▲	▲	2	

식수

이 문제의 해결 방법은 여러 가지가 있다. 그중 한 가지는 다음과 같다. 5파인트 물통에 물을 채운 다음 그 물을 3파인트 물통이 가득 찰 때까지 옮겨 붓는다. 그러면 5파인트 물통에 물 2파인트가 남는다. 이제 3파인트 물통을 비우고 그 안에 물 2파인트를 붓는다. 그리고 5파인트 물통을 다시 채우고 3파인트 물통이 가득 찰 때까지 붓는다. 그러면 5파인트 물통에 정확히 4파인트가 남게 된다.

상상의 교통수단

창의력 문제이므로 정답이 없다.

디너파티에서 생긴 일

디너파티는 4월 8일에 열렸다.

증기선

포그는 각 단어에서 자음마다 10점, 모음마다 5점을 주었다. 따라서 카르나틱 CARNATIC은 65점을 줄 것이다.

내 사랑, 박하사탕!

처음에 24개의 박하사탕이 들어 있었다.

얇은 얼음 위 스케이팅

4.7점과 5.7점

총점 30.8점에서 이미 알고 있는 네 개의 점수의 합을 빼면 10.4가 된다. 그런데 마지막 두 명의 심사위원이 다른 점수를 주었다고 했으므로 각각 5.2점이 될 수는 없다. 또한 두 점수의 소수점 아래의 숫자가 같기 때문에 두 수의 차가 1임을 알 수 있다. 최대 점수가 6.0일 때 두 수의 차가 2이상 나면서 합이 10.4가 되는 경우는 없기 때문에 가능한 수는 4.7과 5.7 뿐이다.

코끼리 경주

우승하여 포그의 선택을 받을 코끼리는 4번이다. 1번, 2번, 3번, 4번 그리고 5번 코끼리는 각각 3등, 4등, 2등, 1등 그리고 5등으로 들어왔다.

궁지에 빠진 코끼리

포그는 코끼리 F를 선택했다. 단서의 첫 부분으로 보아 A, G, 그리고 D 코끼리가 제외된다. 그다음 단서로 제외되는 코끼리가 C와 E이고, 따라서 B와 F가 남게 된다. 마지막 단서로 B가 제외된다. 선택된 코끼리는 오른쪽보다 왼쪽에 더 많은 코끼리가 있기 때문이다.

연도 기억하기

1837. 빅토리아 여왕이 즉위한 해다.

가계도

손주: $1 + 2 + 3 + 4 + 5 + 6 + 7 + 8 = 36$

조카손주: $\frac{1}{2} + \frac{1}{4} + \frac{2}{3} + \quad = 1\frac{3}{4}$

따라서 $1\frac{3}{4} \times 36 = 36 + 27 = 63$

합계 $= 63 + 36 = 99$

배를 잃다

숫자 5가 열쇠를 쥐고 있다. 직소 스도쿠의 숫자 5와 같은 위치에 있는 글자를 글자 그리드에서 동그라미 쳐보면 배의 이름, 탕카데르TANKADERE가 나온다.

5	1	4	6	9	3	7	2	8
9	2	3	8	6	4	5	1	7
8	9	2	5	1	6	4	7	3
7	3	8	4	2	1	9	5	6
4	6	1	7	5	8	2	3	9
3	7	5	2	8	9	1	6	4
6	5	9	3	7	2	8	4	1
1	4	7	9	3	5	6	8	2
2	8	6	1	4	7	3	9	5

T	J	E	S	P	H	O	H	A
Q	J	J	S	K	Y	**A**	H	E
D	Z	G	**N**	T	D	R	Y	H
E	L	M	O	O	S	E	**K**	F
T	H	L	I	**A**	W	T	S	R
K	Y	**D**	H	E	H	F	S	M
J	**E**	J	X	K	R	R	D	J
S	S	J	E	N	**R**	K	W	P
D	S	Y	O	A	H	C	S	**E**

테니스를 좋아하는 사람

이름	좋아하는 샷	처음 테니스를 친 나이
헨리에타	포핸드	12
모드	백핸드	8
테스	서브	14

그들이 사라졌다

창의력 유형이므로 정답이 없다.

건초 더미 속 바늘

바늘은 67번 건초 더미 속에 있다.

카드 기술

카드 6과 8을 바꿔야 올바른 식이 된다. 즉

158 x 4 = 632

애플파이 주문

1) 8온스
2) 3개
3) 백설탕
4) 계피가루

교육, 교육, 교육

이름	좋아하는 선생님	나이
메리	스미스 선생님	8
제인	하디 선생님	7
앨리스	존슨 선생님	9

증기선 밖으로

N	O	N	O	G	G	O	R	O	R	A	N
R	R	O	O	O	A	N	O	A	G	A	A
R	O	N	N	R	N	N	A	O	O	R	R
G	N	N	O	G	G	O	A	R	A	N	N
N	N	O	O	O	N	N	N	R	G	N	R
O	O	R	O	O	R	G	O	N	O	A	N
O	A	O	N	G	O	A	N	N	A	R	O
N	G	N	N	G	N	N	N	O	O	G	O
G	N	R	G	O	O	A	O	N	A	O	A
N	N	N	A	R	G	O	R	O	A	R	R
N	G	O	N	O	R	O	R	N	N	G	O
O	N	N	N	O	O	O	N	O	R	A	G

왕관의 보석

좋아하는 스포츠

이름	좋아하는 스포츠	키	나이
베아트리체	역도	5피트 3인치	19
로나	수영	5피트 5인치	17
노베르트	펜싱	5피트 11인치	20
올리브	사이클	5피트 7인치	18
폴	테니스	5피트 9인치	16

연쇄점

파스파르투는 집으로 돌아가기 위해 서쪽으로 2마일 걸어야 한다.

그림 그리기

붓 8개가 든 상자인 보기 A의 가성비가 가장 좋다.

여러 일터

이름	직업	나이
알버트	구두닦이	11
어니스트	굴뚝 청소부	15
존	심부름 소년	13

한 밤의 배처럼

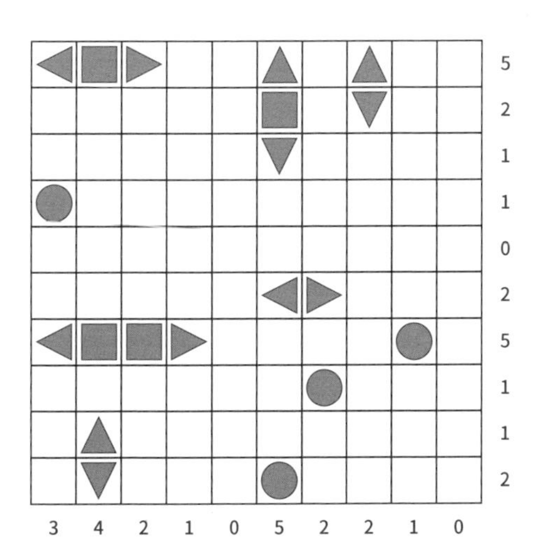

그 배는 아니야

E번 배

마법의 연도

1828년. 쥘 베른이 태어난 해다.

21	22	24	27
26	29	19	20
17	18	28	31
30	25	23	16

방 번호

376. 먼저 세 자리수의 합이 16인 경우 중에서 가운데 자리에 가장 큰 숫자를 쓴다(전체 수를 홀수로 만드는 경우는 제외). 그다음 가운데 자리 숫자와 1 차이가 나는 연속된 한 쌍이 있는 수를 찾는다.

제너럴그랜트 호

1) 태평양 우편 해운 회사

2) 2500톤

3) 세 개

4) 21일

숫자 속 안전

1885년이다.

8	5	3	2	3	3	8	4	1	3	2	1
2	7	6	5	3	8	6	5	3	4	2	1
8	7	6	7	6	4	2	1	1	1	6	2
7	2	5	8	2	5	5	6	8	2	7	6
6	1	3	4	6	8	7	7	5	3	9	3
4	8	1	7	3	8	4	4	6	1	8	7
2	2	7	2	6	2	7	3	8	2	7	5
3	8	2	1	3	2	1	2	2	1	9	9
7	8	8	4	2	1	5	1	4	6	7	1
5	7	8	2	6	4	7	8	3	2	7	5
6	7	2	3	7	2	6	6	2	8	5	0
6	7	8	2	4	3	2	3	5	7	7	9

공장의 작업 현장

피라미드의 구성 원리는 한 사각형에 있는 숫자가 바로 아래 두 사각형 숫자의 합이라는 것이다. 따라서 건설된 공장 수의 총합은 291 + 326 = 617 이다.

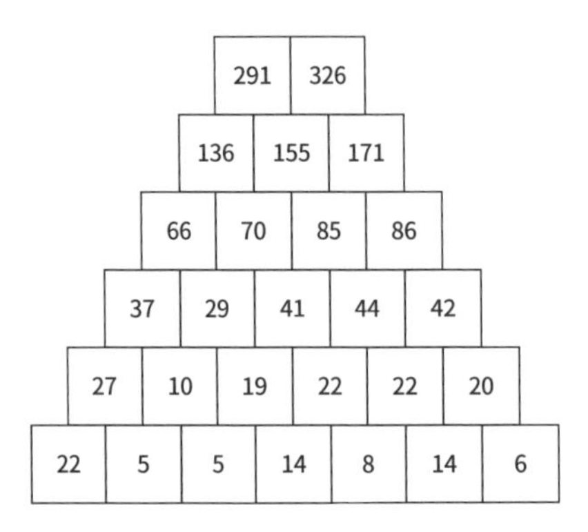

케이크 한 조각

초콜릿 케이크 31개, 레몬 드리즐 케이크 60개

스피드 체스

3명

해마다

다음 숫자는 2026이다. 첫 번째 숫자보다 두 번째 숫자는 74가 많고, 그다음은 75, 그다음은 76, 그다음은 77이 많다.

코코아에 든 파리

포그가 하인에게 시키지 않고 자발적으로 하는 일은 매우 드문데, 그 후 직접 브랜디를 첨가했다. 컵 안에 떠다니는 파리를 목격한 것은 브랜디를 부으면서 코코아를 내려다볼 때였다. 그런데 새로 가져온 커피에서 브랜디 맛이 계속 난다는 것은 포스터가 파리를 단순히 꺼내기만 하고 가져왔다는 의미였다.

수도 퍼즐

아홉 번

I	L	I	N	L	L	U	I	L	N	N
U	U	D	I	U	L	D	I	N	L	N
N	L	U	L	I	D	U	N	L	I	N
N	I	I	B	D	U	B	D	D	N	I
N	N	N	U	D	B	L	U	L	I	N
I	I	I	D	N	L	I	B	L	U	N
L	L	L	I	N	I	N	L	U	B	D
B	B	B	B	U	N	I	I	U	U	D
U	U	U	L	U	B	B	N	I	U	D
D	D	D	I	N	D	L	I	N	D	L
D	U	B	L	I	N	D	D	I	N	L

일요 예배

설교는 27분(90분의 30퍼센트) 걸렸고, 따라서 나머지 예배는 1시간 3분 동안 진행되었다.

시간은 금이다

창의력 유형이므로 정답이 없다.

빅토리아 시대 작가들

세 명의 등장인물은 아우다AOUDA, 파스파르투 PASSPARTTOU 그리고 픽스FIX다.

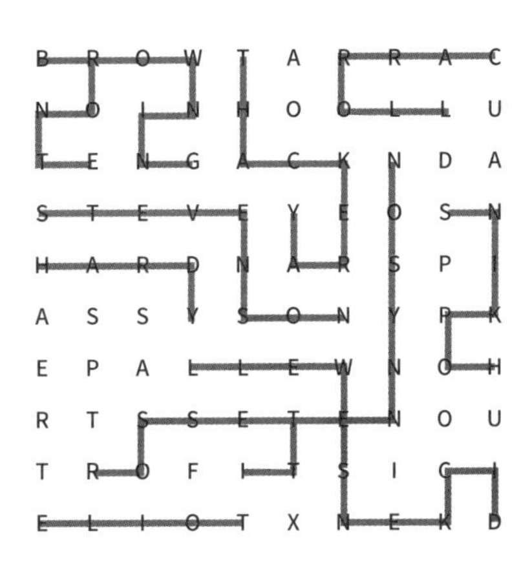

교실 현장

이름	교실 색상	교직 경력
무어	주황색	7년
로빈슨	연보라색	5년
쇼	노란색	3년

어울리지 않는 것 골라내기

열쇠와 상관관계를 따지자면 전화기가 관련 없는 것이다. 전화기는 열쇠와 상관없기 때문이다. 문을 열려면 열쇠가 필요하고, 타자기와 피아노 역시 열쇠로 연다.

하지만 소리나는 것으로 따지자면 문이 정답일 수 있다.

양배추도 잘 먹어야지

48개가 있었다.

감옥으로부터의 탈출

1) 한 바퀴

2) 80일째, 오전 11시 40분

3) 두 시간

4) 2시 33분

민스 파이

처음 다섯 명이 바구니에서 각자 민스 파이를 가져갔고, 여섯 번째 사람은 마지막 민스 파이가 들어 있는 바구니 자체를 가져갔다. 그가 바구니에서 꺼내어 먹기 직전까지 몇 분간 파이가 바구니에 남아 있었다.

연결된

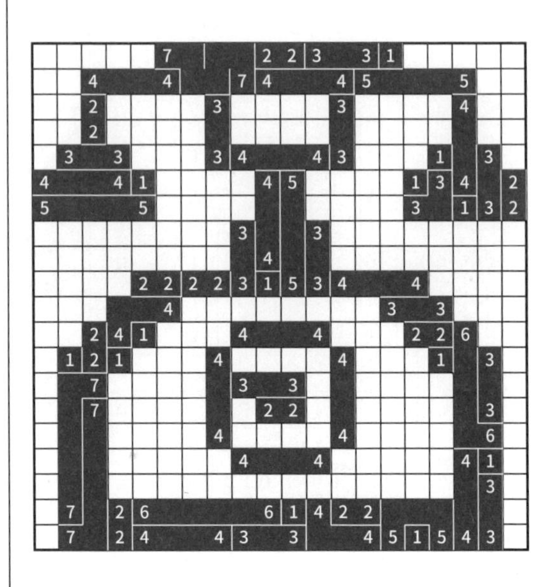

화살 같은 시간

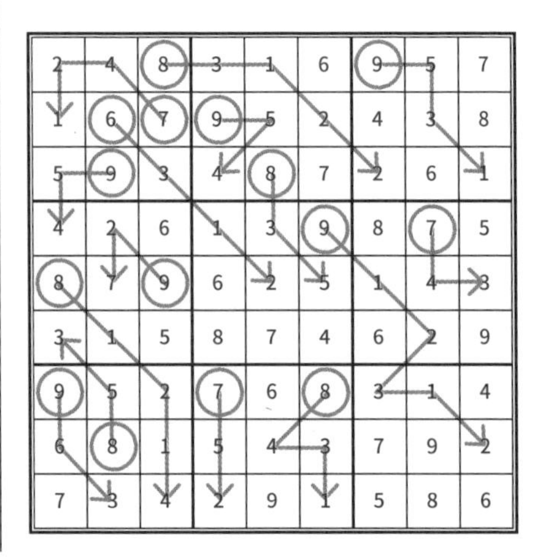

도시 휴가

이름	도시	계절
아우다	샌프란시스코	여름
포그	요코하마	가을
파스파르투	뉴욕	겨울

보르도를 향해

B	A	D	R	U	X	E	O
E	O	U	X	R	D	A	B
X	E	R	O	D	U	B	A
U	B	A	D	X	E	O	R
A	X	O	U	E	B	R	D
D	R	B	E	O	A	X	U
O	D	X	A	B	R	U	E
R	U	E	B	A	O	D	X

전화 통화

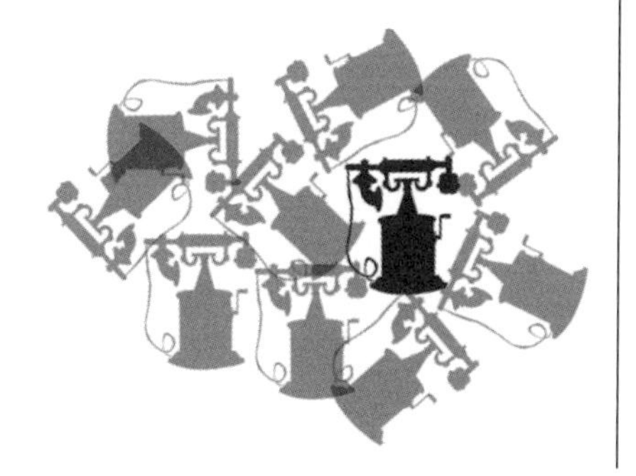

달콤한 추억

16번째 기념일이다. 공식은 (n-10) x 2 + 1/4n = n, n이 기념일 숫자다.

맞춰봐!

2	3	4	1	6	5
5	6	1	4	2	3
6	4	5	3	1	2
3	1	2	6	5	4
4	2	6	5	3	1
1	5	3	2	4	6

봄날의 세안

파스파르투는 포그의 얼굴이 흙으로 뒤덮인 것을 보고 자신의 얼굴도 틀림없이 그럴 것이라고 예상했다. 하지만 그가 간과한 사실은 한동안 비가 오지 않아 흙이 건조한 상태인 것과 포그가 집을 나서기 전에 세수를 하고 보습연고를 발랐다는 것이었다. 포그의 피부에 보습연고가 약간 끈적하게 남아 있어 흙이 달라붙었던 반면 파스파르투의 얼굴은 건조하여 말끔했던 것이다.

등장인물 암호

스트랜드 = 500. 등장인물의 이름에 있는 로마 숫자를 더한 값이다.

절도죄

a) 1,100,000실링

b) 13,200,000페니

창밖으로의 추락

창밖으로 떨어진 사람은 10층 방을 청소하던 직원이 아니라 1층에 있는 직원이었다. 높은 곳에서 무언가 떨어지는 쿵 소리는 건물 밖 높은 곳에서 창문을 닦던 직원이 떨어뜨린 양동이 소리였다. 이는 1층 직원이 창문 밖으로 떨어지며 난 조용하고 둔탁한 쿵 소리와 별개였던 것이다.

시간 여행

포그가 계속 동쪽으로 나아갔기 때문에 여행 중에 하루를 번 것이다. 다음은 소설 속 내용이다.

'그는 해가 뜨는 동쪽으로 여행했기 때문에, 경도 1도를 지날 때마다 하루가 4분씩 짧아졌다. 지구 둘레에 360개의 경도가 있으므로 이 360에 4분을 곱하면 정확히 24시간이 된다. 즉, 자기도 모르게 하루를 벌었던 것이다. 다르게 말하면 필리어스 포그는 동쪽으로 가면서 태양이 자오선을 지나는 것을 80번 보았지만, 런던에 남아 있는 동료들은 79번밖에 보지 못했다.'

장이라 불러주세요

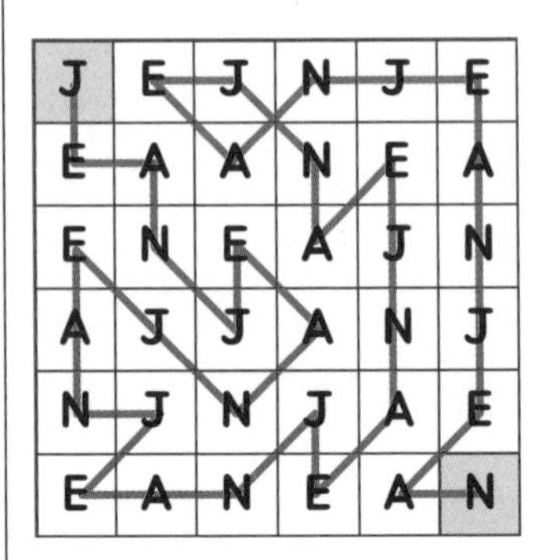

초콜릿 픽스

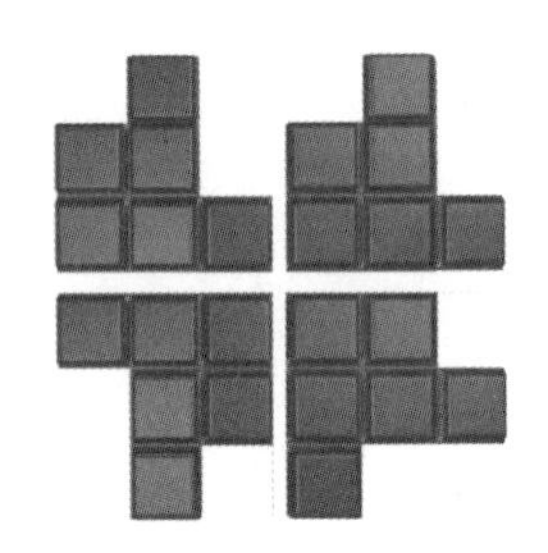

단순하게 계속되는 일

150/8은 18.75이고, 8의 ¾은 6이다. 따라서 150번째 동물은 여섯 번째 알파벳인 P로 시작한다.

아우다, 당신께 감사하오

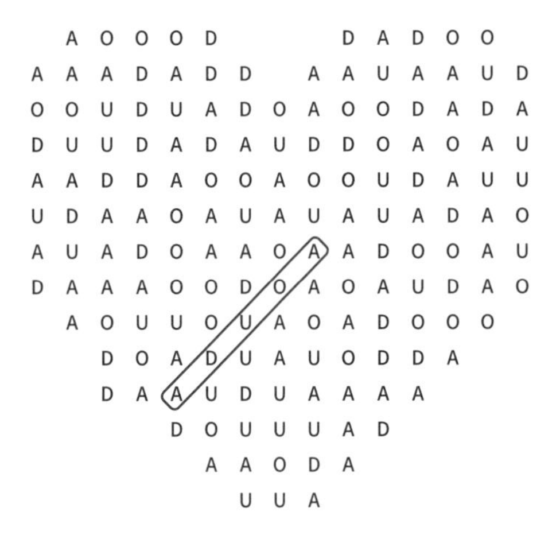

선상 조명

그것은 세인트 엘모의 불이라는 현상이었다. 뇌우와 같은 강한 전기장에서 날카롭거나 뾰족한 물체 주변에 빛이 번쩍 일어날 수 있다. 바다의 배 위에 자주 일어나고, 이 현상에 대한 과학적 설명이 나오기 전에는 종교적 기적으로 여겨졌다.

이름 게임

장: 5, 아우다: 2, 포그: 10, 픽스: 6

탈출

감옥은 보안이 철저한 곳이기 때문에 탈출하는 것은 매우 어려운 일이다. 그러나 그는 아주 쉽게 감옥에서 나왔다. 픽스 형사가 며칠 전에 진짜 강도가 유죄 판결을 받았다는 것을 알고 포그를 석방했기 때문이다.

포춘 쿠키

11월 24일이다. 월은 격월로 11월이고, 일은 지난 두 번의 방문 날짜를 더한 것으로 9 + 15 = 24일이다.

브론테 일가

O	B	O	T	T	T	O	N	N	B	N	R	N	N	T
B	O	O	T	T	R	N	O	O	O	N	R	O	B	B
N	R	E	N	R	R	T	N	N	N	O	O	E	O	T
T	N	R	T	T	E	T	E	E	B	E	R	B	B	T
E	T	N	T	N	E	T	O	N	E	O	R	N	O	E
O	E	O	E	R	B	B	E	O	N	T	O	T	T	R
E	N	E	T	O	T	R	T	N	B	N	T	O	T	E
T	O	R	T	T	N	E	O	R	R	R	N	E	N	R
T	R	R	E	O	N	E	E	B	E	N	B	O	T	N
E	O	O	R	E	T	R	T	E	N	O	T	B	T	T
R	B	R	O	B	B	R	O	B	N	T	T	N	E	N
B	N	T	E	T	O	N	T	T	B	N	N	R	O	R
R	T	O	R	O	N	T	T	O	T	E	B	T	O	R
R	T	T	N	E	R	N	T	E	E	O	O	T	N	R
T	R	T	T	R	N	B	R	E	E	O	E	R	O	T

새로운 챕터

1) 셰리던

2) 바이런

3) 링컨, 그레이

4) 벌링턴 가든스의 새빌로 7번지

패션 감각이 뛰어난

1) 보닛

2) 빨간색

3) 중산모

안개와 포그

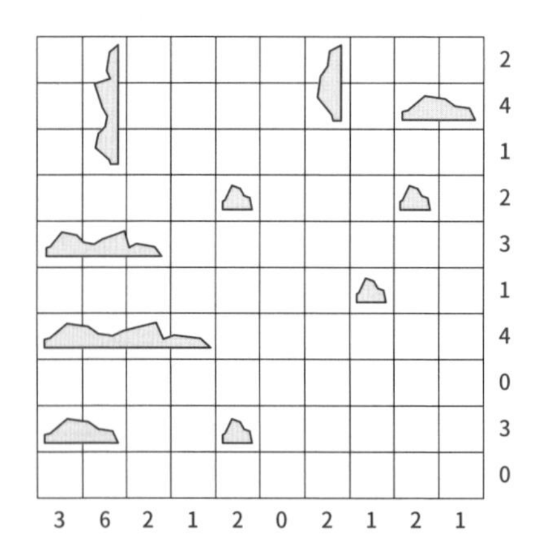

발명품 테스트

바뀐 두 쌍의 발명품:

사진과 우체통

우표와 고무 타이어

영원히 행복하게?

창의력 유형이므로 정답이 없다.

자연사 박물관

5피트 6인치인 용의자와 5피트 3인치인 세 번째 용의자 둘 다 범인일 수 있다.

은행 예금

천의 자리까지 반올림하여 36,000파운드다. 1년 후에 이자가 600파운드 생겼다. 2년이 되었을 때 20,600파운드에 대한 이자 618파운드가 생겼다. 매년 이자가 복리로 불어나므로 해마다 지급되는 이자가 늘어난다. 그러므로 매년 지급된 이자가 꾸준히 증가하여 20년이 지나면 원금의 거의 두 배를 받게 된다.

여객선 좌석

제너럴그랜트 호에 48명(그리고 차이나 호에 32명)이 타고 있다.

레드 카드

아우다는 자신이 가져갔던 4장의 카드를 가지고 있다.

학교 화폐

14명의 학생이 있다. 14번째 학생은 14페니를 받는다.

택시 운전사

파스파르투는 "채링크로스 역으로 가주세요"라고 한 포그의 말을 운전사가 알아들었기 때문에 그들을 정확한 목적지까지 데려다 준 것이라는 생각이 스쳤다. 더구나 포그가 그 말을 했을 때 운전사는 앞을 바라보고 있었기 때문에 입술을 읽을 수 없었다는 것도 포착했다.

다채로운 샐러드

아티초크는 아예 가지고 있지 않았다. 양파, 토마토 외 세 번째 채소는 아스파라거스였다.

우리 셋은 언제 다시 만날까?

168일마다 만날 수 있다. 168은 6, 7, 8의 최소공배수다.

달콤한 꿈

이름	사탕	사탕봉지 색깔
로사	토피	초록색
로제타	셔벗 레몬	분홍색
로지나	봉봉	파란색

황금색 지구본

황금색 지구본의 둘레는 2 x 파이 x 반지름이므로, 2 x 3.14 x 6(지름 12인치의 절반)인 37.68이다. 그러므로 37.68인치에서 5인치에 해당하는 거리는 24,901마일의 5/37.68인 3,304마일에 해당한다.

기온 측정

2	8	1	6	3	4	5	9	7
5	6	3	9	7	1	8	4	2
9	7	4	8	5	2	3	6	1
6	1	7	4	9	5	2	3	8
8	5	9	3	2	6	7	1	4
4	3	2	1	8	7	9	5	6
1	2	5	7	6	3	4	8	9
3	9	6	2	4	8	1	7	5
7	4	8	5	1	9	6	2	3

하늘 높이

열기구 D

증기선 등급

45점. 단어의 첫 글자가 1점이고 두 번째 글자가 2점, 이런 방식으로 점수를 준다.

헛간 습격

픽스 형사는 아마추어 연극회 회원이었다. 연극의 마지막 장면을 연기하고 있었다.

요리사가 너무 많아

이름	만들어서 줄 사람	수프의 맛
잭슨	파스파르투	닭
존슨	포그	채소
톰슨	아우다	토마토

그레이비를 실은 기차

걸린 시간 = 27/45 = 0.6 시간 또는 36분

6/10 x 5 = 3 파운드(새어나온 가루), 따라서 용기에는 397파운드가 남았다.

열기구 사업

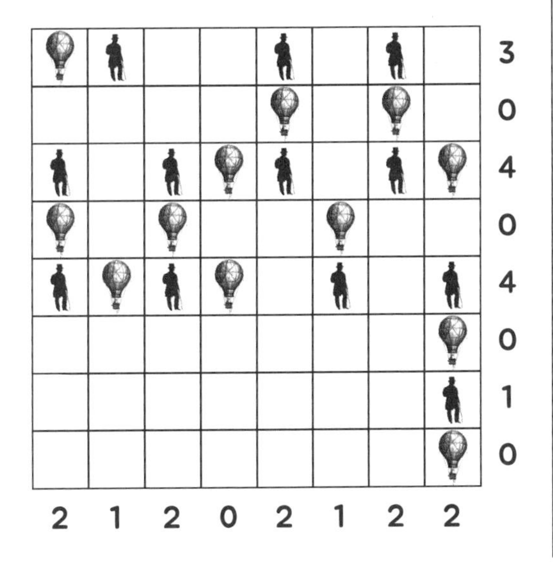

유력한 용의자

픽스는 범인이 습격한 월일을 펼치면 소수라는 것을 파악했다. 1월 31일은 131, 2월 11일은 211, 2월 23일은 223, 2월 27일은 227이다. 1869년은 윤년이 아니므로 2월 29일(229)이 없어 습격하지 않았다. 그리고 다음으로 소수인 날 3월 7일, 307에 습격하였다. 따라서 픽스는 그다음 소수 날짜인 3월 11일에 경찰을 배치했다.

마음은 청춘

프란시스 경은 2월 29일에 태어났다. 그의 첫 번째 생일은 태어난 지 4년 후였고, 두 번째 생일은 태어난 지 8년 후, 이런 식이었기 때문이다.

전보

메시지 당 1페니에 10자 + 0.9페니에 10자 + … + 0.1페니에 10자 = 총 55페니다. 따라서 4실링 7페니다.

중국에서 리버풀로

'중국CHINA' 단어는 11번 찾을 수 있다.

체스 게임

46	45	44	43	42	41	40	39	37	36
47	49	50	51	52	53	54	55	38	35
48	68	67	66	65	64	59	58	56	34
69	70	71	89	90	91	63	60	57	33
73	72	88	13	11	10	92	62	61	32
74	87	14	12	3	1	9	93	94	31
75	86	15	5	4	2	8	97	95	30
76	84	85	16	6	7	100	98	96	29
77	83	82	81	17	21	23	99	28	27
78	79	80	18	19	20	22	24	25	26

새뮤얼 폴런틴

A	L	S	U	E	M
U	E	M	A	S	L
M	A	E	S	L	U
S	U	L	E	M	A
L	S	A	M	U	E
E	M	U	L	A	S

식후 담소

이름	좋아하는 음식	좋아하는 술
폴런틴	구운 닭고기	포트와인
스튜어트	양고기	브랜디
설리번	스테이크	셰리주

착각의 방

그 남자가 정말 자기 방이라고 생각했다면, 노크하지 않고 열쇠로 열었을 것이다.

미통보 공지

깜짝 선물

고향 생각

3,240번 생각했다. 여행은 첫 날부터 여든 번째 날까지 80일이므로 숫자 1~80의 합을 구하면 된다. 공식은 (80 x (1 + 80)) / 2이다.

수많은 열기구

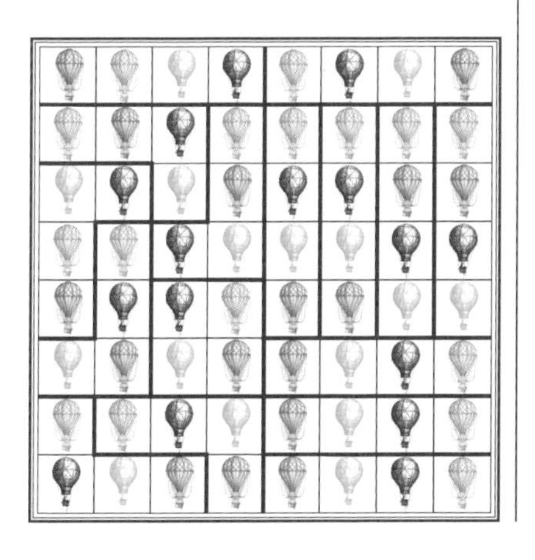

전구 켜기

휘스트 게임

북쪽: 성직자 동쪽: 세무 관리 남쪽: 포그 서쪽: 육군 준장

형형색색의 미술

남색. 화가는 원래의 색을 무지개 색 순서인 빨강, 주황, 노랑, 초록, 파랑, 남색, 보라로 돌아가면서 대체하여 칠했다.

황당한 픽스

그들이 가진 유일한 정보는 용의자가 남성이라는 것이었다. 의사, 노무자, 나무 치료사 등 모두 여성이었다.

째깍째깍

가장 짧은 간격은 9:59와 10:01 사이로 단 2분 간격이다. 가장 긴 간격은 1:01과 12:21 사이로 11시간 20분 간격이다.

미로 정원

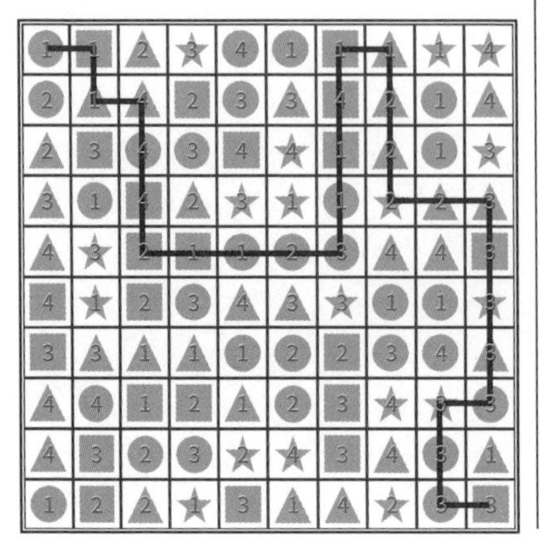

꼬리잡기

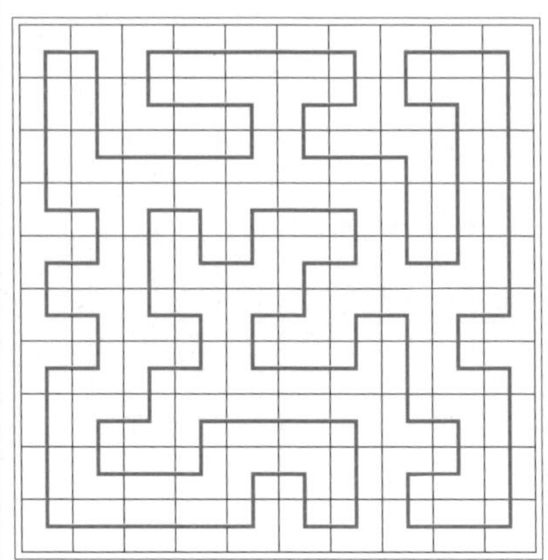

두둥실

200파운드를 실어야 한다.

고난도 퍼즐) 등장인물 찾기

필리어스. 이 책의 주인공인 필리어스 포그다. 이 이름이 수기(手旗) 신호의 형태로 숨겨져 있다. 일곱 명 각각의 이름이 왼쪽에서 오른쪽, 위에서 아래 방향으로 P,H,I,L,E,A,S 일곱 개의 수기(手旗) 신호가 된다.

X	Q	A	G	F	B	U	N	S	J	A	H	F	F	V
D	F	N	J	G	F	J	B	A	B	C	O	O	G	H
M	G	D	H	F	D	Y	H	M	O	J	G	U	C	X
W	E	R	H	J	K	U	T	D	C	B	D	J	K	O
U	V	E	S	C	G	S	J	K	I	A	J	H	G	M
N	B	V	C	X	I	G	H	R	J	K	I	O	U	Y
T	F	D	C	C	J	K	A	N	B	V	C	N	Q	Q
D	E	A	N	R	E	L	G	H	J	H	A	A	G	G
K	R	C	M	E	E	P	E	F	H	L	J	G	A	C
F	X	S	D	E	R	H	U	J	F	K	J	A	L	O
P	K	N	G	J	P	R	E	S	D	B	F	N	J	V
C	D	S	S	U	L	L	I	V	S	A	B	V	C	H
T	U	H	G	F	J	K	L	V	S	A	B	V	C	H
O	U	T	R	E	E	W	G	H	A	J	H	G	H	M
B	V	L	O	P	H	G	D	G	J	N	K	C	A	T

고난도 퍼즐) 체포 퍼즐

I	U	H	D	B	G	N	E	R
R	E	N	H	I	U	D	G	B
B	G	D	R	E	N	U	I	H
H	I	U	N	R	E	G	B	D
D	B	G	U	H	I	E	R	N
N	R	E	G	D	B	I	H	U
E	N	R	I	U	H	B	D	G
G	D	B	E	N	R	H	U	I
U	H	I	B	G	D	R	N	E

기억할 수 있는 합산

a) 34 (15 + 19)

살인범 의혹

그 남자는 사촌과 결혼하였기 때문에 그의 할아버지는 아내의 할아버지이기도 했다.

노새 기차

기차역까지 포그는 15분, 파스파르투는 10분이 걸릴 것이다. 포그가 파스파투트보다 4분 먼저 출발했지만 5분 더 걸리므로 파스파르투가 먼저 기차역에 도착한다.

지금 몇 시인가?

5:27. 첫 번째 시계부터 차례로 1시간 43분씩 거꾸로 간 시간이다.

쥘의 'J'

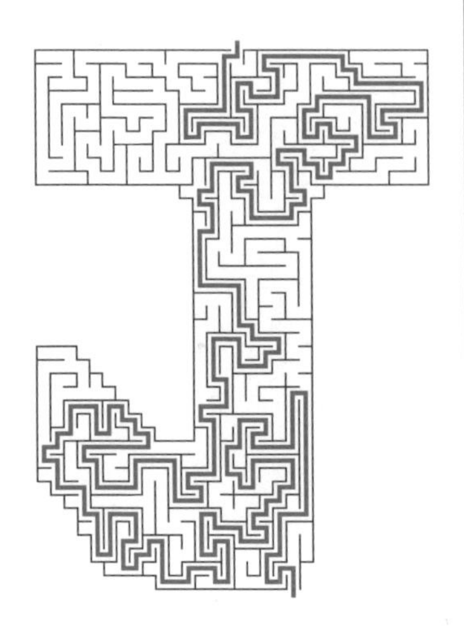

베른의 'V'

	12	30							42	23	
5	1	4						14	9	5	
3	2	1	28					22/15	7	8	
9	5	3	1				24	7	8	9	
12	4	5	3	27			27/9	3	5	1	
	23	9	6	8		8	3	1	4		
	11	2	5	4		10	5	2	3		
	13	6	4	3	9	17/20	9	5	6		
		39	7	9	5	8	6	4			
		15	2	1	3	5	4				
			7	2	1	4					

보트를 놓치다

1) 5~6일

2) 사막

3) 13일

4) 에도 만

장미는 붉고, 제비꽃은 더 저렴하다

장미 10송이와 제비꽃 25송이

체스 말

A = 룩

B = 비숍

C = 킹

D = 나이트

E = 퀸

이상한 풍선

불지 않은 풍선이었다.

코르크 마개 마술

병에서 코르크 마개를 뽑는 대신 코르크 마개를 병 안으로 힘껏 밀어 병목을 타고 들어가게 한 후 동전을 꺼내었다.

한 걸음씩 앞으로

총 걸음수는 1,152이다. 25퍼센트는 12인치 길이의 보폭으로 288걸음, 50퍼센트는 14인치 길이의 보폭으로 576걸음, 25퍼센트는 15인치 길이의 보폭으로 288걸음.

총 거리: 3,456 + 8,064 + 4,320 = 15,840인치 = 1,320피트 = ¼마일

집에 대한 자부심
9페니다. 그는 121호 집에 살고 대문에 붙일 숫자를 사고 있었다. 숫자 한 개당 3페니다.

수학을 재미있게

7	+	6	÷	1	13
-		+		-	
3	×	4	+	9	21
×		÷		×	
5	+	2	+	8	15
20		5		-64	

사원의 내부

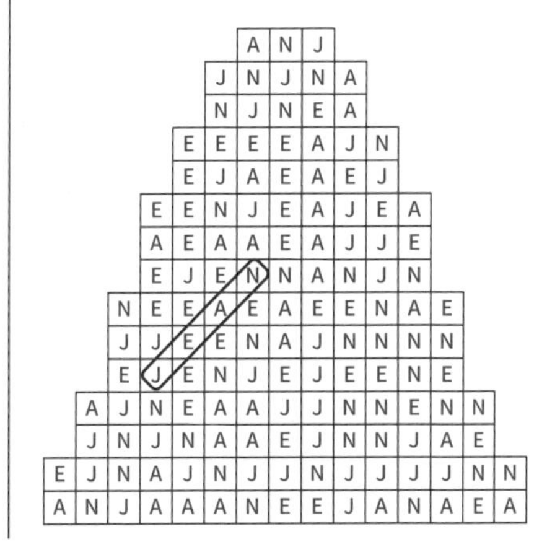

미로 속을 헤매다
픽스가 보기에 동료들 중 어느 누구도 미로의 끝까지 가지 못한 이유는 아예 불가능하기 때문이었다. 또 하나, 강사들이 입구에서 출발하여 출구까지 걸어가라고 지시했을 뿐 미로를 통과해서 가라는 말은 하지 않았던 것도 포착했다. 그래서 픽스는 미로 가장자리를 빙 돌아 출구까지 걸어갔다. 이리하여 문제는 해결됐고, 이것은 수평적 사고하기와 추정하지 않기라는 훈련이었다. 두 가지 모두 형사로 일하는 데 도움이 되는 기술이었다.

다트 던질 준비
159. 더블로 끝나면서, 세 개의 다트로 나올 수 없는 가장 작은 숫자다.

내기에서 졌다면
창의력 유형이므로 정답이 없다.

짐을 가볍게

1) 두 사람 분의 셔츠 두 장과 양말 세 켤레이므로 총 셔츠 네 장과 양말 여섯 켤레다.

2) 5년

3) 8시

4) 여행용 담요

5인 가족

빌과 함께 체스를 하고 있었다. 체스는 두 명이 하는 게임이니까.

첫인상

런던에서 수에즈로

	S		S	U	E		
U		U	S		E	Z	
S	S			U	Z	E	E
Z	Z	E		S		U	
E	E		U	Z	S		S
		S	Z	E	U		
U	U	Z	E			S	
			E	E	U		

판사의 법률서

오이스터퍼프는 오바댜 판사가 부탁한 책을 도서관에 반납하고 있었다. 하지만 반납 기한이 지나서 사서에게 연체료를 낸 것이었다.

가스 소모

1,280 x 3페니 = 3,840페니. 이는 320실링, 즉 정확히 16파운드다.

나이트의 여정

28	31	58	35	2	33	68	9	4	7
59	36	29	32	87	56	3	6	67	10
30	27	86	57	34	1	88	69	8	5
37	60	39	90	85	96	55	66	11	70
26	41	48	95	62	89	84	97	54	65
47	38	61	40	91	98	79	64	71	12
42	25	46	49	94	63	100	83	78	53
19	22	43	92	99	80	77	74	13	72
24	45	20	17	50	93	82	15	52	75
21	18	23	44	81	16	51	76	73	14

모래뱀

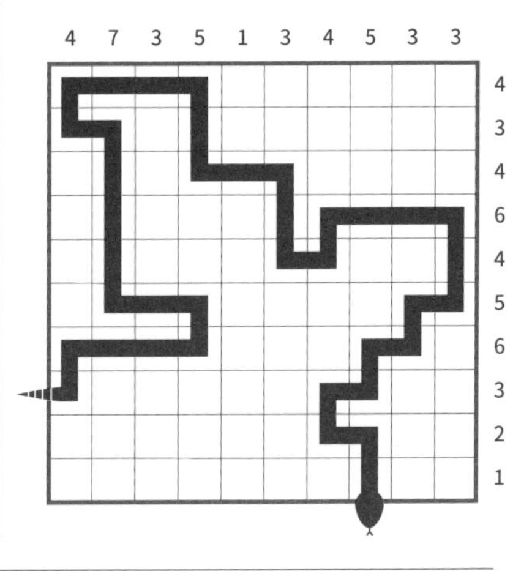

패턴 인지

금고 속 마술

과일 샐러드

a) 체리 32개　　　　b) 체리 20개

다음에 올 숫자는?

2. 숫자들은 4를 빼고, 4로 나누고, 4를 빼고, 4로 나누는 식으로 이어진다.

별이 달린 열기구

B. 별들은 열기구 위의 네 곳에서 나타나고, 이 네 곳을 시계 방향으로 돈다. 열기구를 하나씩 옮겨갈 때마다 별 하나는 이전 위치를 유지하고 다른 별 하나는 한 위치를 이동한다.

필리어스 포그

P	A	I	H	L	E	S
E	H	P	I	S	A	L
I	S	L	A	E	H	P
H	P	E	S	I	L	A
S	I	H	L	A	P	E
L	E	A	P	H	S	I
A	L	S	E	P	I	H

숫자 십자 풀이

연한 빨간색 사각형의 숫자는 1920으로, 80일 동안의 시간을 의미한다.

2	6	4	2	■	■	1	9	4	■	4	7	8
4	3	9	7	7	■	5	0	8	■	3	7	3
1	6	7	6	0	■	7	2	8	3	4	4	8
4	0	8	2	0	8	■	7	1	7	■	■	■
■	■	■	5	4	7	8	■	1	6	0	4	6
■	2	3	2	1	7	6	8	■	3	9	0	6
4	7	6	■	2	3	3	4	2	■	8	9	5
8	8	7	5	■	1	6	5	1	0	6	3	■
1	7	4	2	4	■	6	9	3	3	■	■	■
■	■	■	8	4	7	■	3	2	4	2	3	4
0	6	7	7	7	8	3	■	2	3	2	9	0
3	7	0	■	3	5	5	■	2	5	3	1	2
1	4	0	■	5	5	6	■	■	9	7	4	9

여행에 지쳐가다

4시간은 240분이다. 첫날밤 그는 12분 더 자게 된다. 만약 매일 밤 수면 시간의 증가량이 12분이라면, 5일 후에는 정확히 5시간을 자게 된다. 그러나 수면 시간의 증가는 복리처럼 일어나기 때문에 5일 후에는 5시간 이상의 수면을 취하게 된다.

동전 나누기

우선 동전을 문제에서 주어진 비율(60:20)의 두 개의 더미로 나눠야 한다. 한 더미에 60개의 동전을 무작위로 넣고, 다른 더미에 나머지 20개의 동전을 넣는다. 그런 다음 20개의 동전 더미에 있는 모든 동전을 뒤집는데, 그러면 앞면과 뒷면이 위로 간 동전의 면이 각각 뒤바뀐다. 그 결과 뒷면이 위인 동전들이, 처음에 두 개의 더미로 몇 개씩 나누어졌든지 간에, 이번에는 양쪽에 똑같은 수로 나누어지게 된다.

세계의 발령지

러시아. 부임 받은 나라의 면적이 커지고 있고, 마지막은 세계에서 면적이 가장 큰 나라다.

작은 세상

17,417마일. 30퍼센트 더 작은 지구의 둘레는 2 x 파이 x 0.7 x 3,960이다.

불평등한 세상

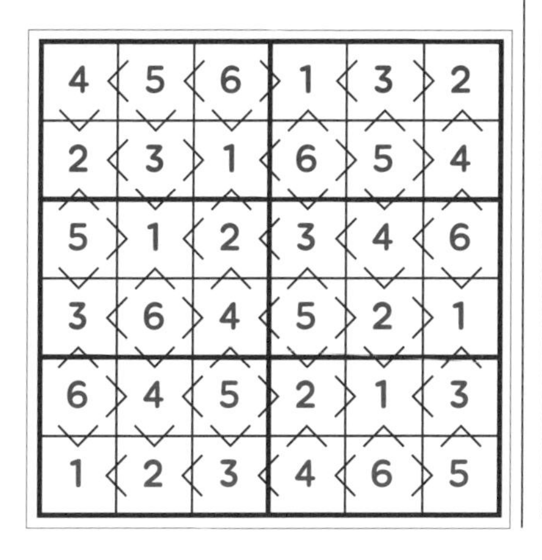

성처럼 커다란 집을 구입한 영국 신사

12 3
15
3
7
2 2 2
9 2 2
9 18
2 2 10

의미 있는 연도

금고의 암호는 1872이며, 소설 속 여행이 시작된 연도다.

빅토리아 시대의 발명품

페니파딩 자전거

나비야 나비야

D

열에 하나

3	9	2	1	6	5	4	8	7
1	6	8	2	4	7	3	5	9
4	7	5	8	9	3	1	6	2
2	1	9	5	8	4	6	7	3
8	3	7	6	1	2	9	4	5
5	4	6	3	7	9	2	1	8
9	2	4	7	5	1	8	3	6
6	5	1	9	3	8	7	2	4
7	8	3	4	2	6	5	9	1

카드 배치

6♥	7♦	9♣	8♠
8♣	9♠	7♥	6♦
7♠	6♣	8♦	9♥
9♦	8♥	6♠	7♣

성공한 내기

7/2 (C번) 가 최고의 수익을 내는 성공한 내기다.

80걸음의 미로 여행

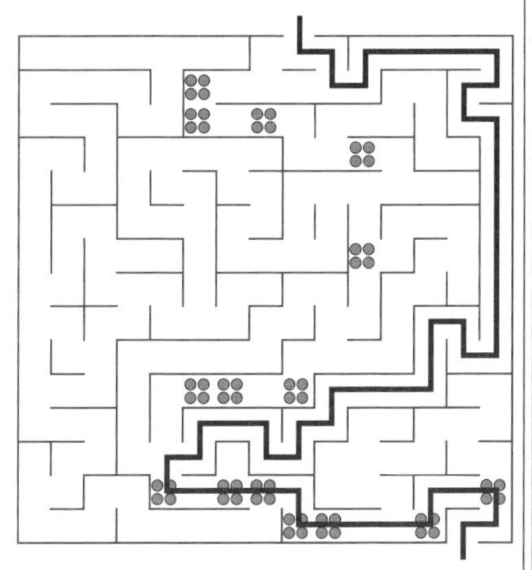

동물 농장

들소 B

질 베르

S	E	U	L	J
E	J	S	U	L
J	S	L	E	U
U	L	J	S	E
L	U	E	J	S

늦으면 안 돼!

파스파르투는 시계 2에 표시된 6시 10분에 포그를 만나야 한다.

37	130	54	171	45	198	180	45	36	27	23	194	49	157	112
21	129	90	81	99	54	45	72	99	153	171	118	88	138	107
21	182	100	96	84	66	112	106	145	27	45	63	174	24	165
50	196	194	52	12	7	79	127	166	171	72	144	141	173	44
129	102	190	157	89	15	145	149	81	54	45	140	196	145	107
119	178	148	15	46	143	147	36	117	90	45	141	94	79	74
70	94	192	112	172	16	171	9	189	153	150	29	157	105	128
11	104	8	71	131	45	18	144	125	35	1	103	199	23	195
122	100	47	68	36	18	126	95	192	160	103	115	113	157	40
183	95	167	81	72	81	175	83	20	47	30	169	179	177	30
20	8	45	99	45	88	167	190	33	172	142	17	192	25	16
29	108	198	180	28	182	166	33	55	15	94	184	56	159	98
21	81	45	99	78	168	166	89	3	78	33	83	8	101	151
33	36	72	45	135	198	144	171	90	99	162	171	146	106	67
97	180	180	63	180	108	117	9	126	36	189	18	115	190	29

모양 변화

4번

세계 일주
퍼즐 200

초판 1쇄 인쇄 | 2020년 9월 15일
초판 1쇄 발행 | 2020년 9월 25일

지은이 | 댄 무어 **옮긴이** | 최경은 **펴낸이** | 박찬욱 **펴낸곳** | 오렌지연필
주소 | (10501) 경기도 고양시 덕양구 화신로 340, 716-601
전화 | 070-8700-8767 **팩스** | (031) 814-8769 **이메일** | orangepencilbook@naver.com
본문 | 미토스 **표지** | 강희연

© 오렌지연필

ISBN 979-11-89922-11-5 (03410)

※ 잘못 만들어진 책은 구입처에서 교환 가능합니다.

이 도서의 국립중앙도서관 출판예정도서목록(CIP)은 서지정보유통지원시스템 홈페이지(http://seoji.nl.go.kr)와 국가자료종합목록 구축시스템(http://kolis-net.nl.go.kr)에서 이용하실 수 있습니다. (CIP제어번호 : CIP2020038838)